Nanfang Guoshu
Bingchonghai Suzhen Kuaizhi

南方果树病虫害

速诊快治

肖　顺　　张绍升　　刘国坤　　吴梅香

编著

海峡出版发行集团　|　福建科学技术出版社
THE STRAITS PUBLISHING & DISTRIBUTING GROUP　|　FUJIAN SCIENCE & TECHNOLOGY PUBLISHING HOUSE

图书在版编目（CIP）数据

南方果树病虫害速诊快治 / 肖顺等编著 . —福州：
福建科学技术出版社，2021.4
（作物小诊所）
ISBN 978-7-5335-6360-8

Ⅰ.①南… Ⅱ.①肖… Ⅲ.①果树－病虫害防治
Ⅳ.① S436.6

中国版本图书馆 CIP 数据核字（2021）第 018598 号

书　名	**南方果树病虫害速诊快治** 作物小诊所
编　著	肖　顺　张绍升　刘国坤　吴梅香
出版发行	福建科学技术出版社
社　址	福州市东水路76号（邮编350001）
网　址	www.fjstp.com
经　销	福建新华发行（集团）有限责任公司
印　刷	福建省地质印刷厂
开　本	700毫米×1000毫米　1/16
印　张	8.5
图　文	272码
版　次	2021年4月第1版
印　次	2021年4月第1次印刷
书　号	ISBN 978-7-5335-6360-8
定　价	38.00元

书中如有印装质量问题，可直接向本社调换

《南方果树病虫害速诊快治》系统介绍香蕉、柑橘、柚、龙眼、荔枝、橄榄、桃、李、油棕、梨、西番莲、杧果、枇杷、板栗、番石榴、番木瓜、杨梅、葡萄、猕猴桃、草莓、青枣、蓝莓等果树的常见病虫害。

　　书中内容分果树病虫害诊治基础、果树病害和果树虫害三部分。诊治基础部分概述了果树病虫害概念和发生条件、诊断和防治技术。病害和虫害部分以病害症状类型和害虫为害方式归类，列举各类病虫害实例，按类别综述诊断要点、发生规律和防治措施。读者可按目录进行检索，对照实例进行病虫害诊断和防治。

　　准确诊断是对症治疗和有效防治病虫害的基础。本书采用图文并茂方式叙述病虫害诊断，对各种病虫害的诊断不仅有简明扼要的文字说明，并附有病害症状和害虫为害状、病原菌和害虫形态的彩色照片，为读者快速诊断果树病虫害提供参考。

　　果树病虫害防治策略是"治未害、防急害、控慢害"。首先要抓好病虫害的预防性治理，措施包括预防和早治。预防措施有采用抗病虫果树品种、健身栽培、卫生防御；早治措施有抓好病虫害监测和早期治理，控制病虫害蔓延灾变。对急性病虫害，如炭疽病、疫病、灰霉病、溃疡病等，以预防性治理为主；对慢性病虫害，如果树线虫病、果树天牛，以控制害源中心、降低病虫害发展速率为主。

作者长期从事果树病虫害诊断和防控研究，研究工作得到福建省重大专项"福建主要外来有害生物防控技术体系的研究（2006NZ002）"，农业农村部农垦局热作财政专项"热带作物病虫害监测（2008~2020）""福建省现代水果产业技术体系（2019~2021）"等项目资助。本书以项目研究结果为基础，收录的所有病害和虫害均经过病原和害虫鉴定，其中有作者发现和描述的多种新病害或新虫害。博士生李梅婷、吕伟成、周峡、杨意伯，硕士生程丽云、严琰、林艳婷、高小倩、肖雅敏、张晓彬、徐晓东等参加了果树病虫害的调查研究。

作者

2020 年 10 月于福建农林大学

目录
CONTENTS

一、果树病虫害诊治基础

（一）果树病虫害概念

1. 果树病害

果树病害是指果树在生长发育过程中受到生物因子或非生物因子的影响，使正常的新陈代谢过程受到干扰或破坏，其生理活动、细胞组织和形态结构相继发生病变，其结果降低了产品的质量和产量，造成明显的经济损失。

果树病害按致病原因不同分为侵染性病害和生理性病害。

（1）侵染性病害

侵染性病害又称传染性病害，是由有害生物（病原物）引起的。病原物主要是微生物、线虫、寄生性和附生性植物。

①病原微生物：主要有菌物（真菌）、细菌和病毒。病原微生物的个体都非常小，需要用显微镜才能看见。病原微生物引起的病害具有传染性。菌物的孢子、菌丝和菌丝组织，细菌的细胞菌体，病毒粒体都是病害的传播体。它们可通过气流、水流、栽培介质、昆虫、带菌种苗等传播，导致病害扩散和大面积发生。

②病原线虫：属于线虫门（Nematoda）中的微小线形动物，个体微小，其形态结构需要用显微镜观察。病原线虫主要寄生为害果树根系，导致果树生长衰退。线虫虫体或卵通过水流、土壤、带虫种苗等传播。

③寄生性和附生性植物：这类病原物个体大，肉眼可以看得到，如槲寄生、桑寄生、苔藓、藻类、地衣、蕨类。这些病原物寄生或附生于果树上，掠夺果树的营养，阻碍光合作用，引起果树生长衰退，其种子或孢子可以通过气流、水、动物等传播。

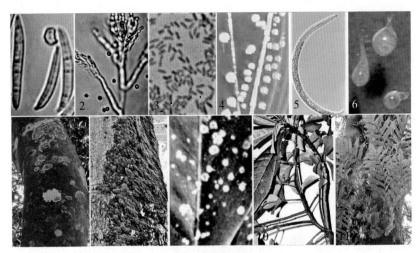

果树病原物类型

1.真菌（镰刀菌分生孢子和菌丝）；2.真菌（青霉菌分生孢子和分生孢子梗）；3.细菌菌体；4.细菌菌落；5.线虫（根腐线虫）；6.线虫（根结线虫雌虫）；7.地衣；8.苔藓；9.藻斑；10.桑寄生；11.蕨类

（2）生理性病害

生理性病害不会传染，因此也称非侵染性病害。这类病害的病因是不利果树生长发育的物理因子和化学因子，如低温、高温、强光、干旱、积水、营养缺乏、肥害、药害导致的果树生理紊乱、功能失调和形态异常。

2. 果树虫害

果树虫害是指由有害昆虫、害螨、植食性软体动物取食果树根、茎、叶、花、果等器官，对果树生长机能、细胞组织和形态结构造成直接破坏，导致经济损失。昆虫一生中经历卵、幼虫、蛹、成虫或卵、若虫、成虫等虫态，成虫身体分为头、胸、腹三部分，有2对翅膀和3对足，为害果树的虫态通常为幼虫或若虫，有些成虫也能为害。果树有害昆虫主要有蛾类、蝶类、蝇蚊类、甲虫、蚜虫、介壳虫、粉虱和蓟马。害螨为植食性螨，常见种类有叶螨和瘿螨。叶螨的身体分为颚体和卵圆形的躯体两部分，有4对足；瘿螨的若螨、成螨仅有两对足。植食性软体动物有蜗牛和蛞蝓，这些软体动物身体分头、足和内脏团3部分。蜗牛有贝壳1枚，蛞蝓的贝壳退化成石灰质盾板，身体裸露而柔软。

果树害虫类型

1. 凤蝶幼虫；2. 弄蝶幼虫；3. 卷叶蛾幼虫；4. 斜纹夜蛾幼虫；5. 双线盗毒蛾幼虫；6. 龟蜡蚧；7. 矢尖蚧；8. 黑刺粉虱；9. 橘粉虱；10. 木虱；11. 叶蝉成虫；12. 蚜虫；13. 蟓；14. 象甲；15. 天牛；16. 橘小实蝇；17. 瘿蚊成虫；18. 梨茎蜂成虫；19. 全爪螨

（二）果树病虫害发生和流行

果树病虫害的发生是指果树生长过程中其根、茎、叶、花、果受到病原物的侵害或害虫的为害，其形态或生理功能方面受损伤。果树病虫害的流行是指病原物或害虫大量繁殖和传播，在一定的环境条件影响下导致果树病害和虫害大面积严重发生，造成较大经济损失的过程和现象。

影响病虫害流行的因素有寄主果树、有害生物、微生态与天敌、环境条件等。

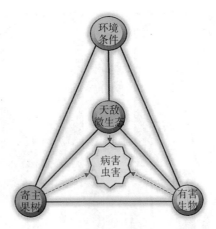

影响果树病虫害发生流行的因素及其相互作用

📋 1. 寄主果树

果树品种感病性或感虫性是果树病虫害流行的必要条件之一，果树品种的生理状态和抗病抗虫性对病虫害的发生发展有重要影响。果树品种对病虫害有生育期抗性，通常生长前期抗性较弱，生长后期抗性较强；幼嫩器官抗性较弱，成熟器官抗性较强。

果树群体感病性或感虫性是决定病虫害流行的主要因素。当前，单一果树品种大面积集约化种植，极有利于病原物和害虫在短时间内大量繁殖并构成大面积受害。

📋 2. 有害生物

病原物和害虫的来源丰富、越冬基数大、传播途径多，是造成病虫害流行的重要条件。这些有害生物除了存在于果园内病株残体和土壤中，还可能有中间寄主或桥梁寄主，有广泛的生存场所；有些病原物和害虫可以通过种子苗木远距离传播，有些害虫能远距离迁飞为害，有些害虫除自身能为害果树，还能作为病原物的介体传播病害。

3. 微生态与天敌

果树发生病虫害与果树的微生态及天敌种群失调有关。果树生长过程中在体外和体内都存在众多有益微生物和有害微生物,组成相互协调的微生态系统。根际和叶际的有益微生物对病原物具有拮抗作用,能抑制病原物的生长;有益微生物还为果树提供营养物质和植物激素类物质等生长因子,促进果树生长和诱导果树抗性。许多果树都具有根瘤菌、菌根真菌和内生菌,这些微生物也可以提高果树的抗病性和抗逆性。许多果树害虫的天敌昆虫和捕食螨对害虫的发生起到压制作用。果树栽培的农事操作过程、果树品种单一化和集约化种植,品种的更换和引进,频繁破坏了果树微生物生态系统的稳定性;大量施用化学农药抑制了益生菌和天敌昆虫的繁殖,对病原物和害虫施加了定向选择压力,加快了有害生物的变异和产生抗药性,导致病原菌和害虫猖獗为害。

4. 环境条件

果树生长环境中温度、光照、水分、空气对果树健康生长有重要作用,同时对病原物、害虫及有益生物的生长和繁殖也产生重大影响。果树生长处于抗性弱和易感病虫的生育期,如果遇到适宜的温度、光照较少、降雨和湿度较大,有利病原菌的快速繁殖和侵染,导致病害大发生。气候因素中温度、湿度和降雨对昆虫的生长发育、繁殖和存活有直接影响,适宜的温度和湿度有利害虫的快速生长和繁殖,也有利害虫的取食为害。

综上所述,果树病虫害的发生发展和暴发流行受到果树品种的感病虫性及群体密集度、有害生物的侵染性及群体量、有害生物与有益生物之间的生态平衡状况、适宜病虫害发生的环境条件等方面的影响。目前,大多数果树以单一品种大面积集约化种植,这种栽培方式极易导致病虫害暴发流行。果树为多年生作物、连续多年群集种植方式,为病原物和害虫的繁殖提供了足够的营养和栖息条件,也为菌源和虫源的积累提供了优越条件。在集约化种植的果树生产基地,果树品种、种植环境条件、病原物和害虫种类等相对固定,年度间的气候条件以及对病虫害的预防强度成为果树病虫害发生和暴发流行的主导因素。果树病虫害的管理要围绕影响果树病虫害发生的基本因素和主导因素，加强病虫害发生的预测预报和预防工作。

（三）果树病虫害诊断

正确的诊断是有效防治病虫害的前提，只有及时准确诊断，才能对症防控。诊断包括表征（症状、为害状）识别、现场调查和害源鉴定。生产上一般采用表征观察诊断。

表征识别是病虫害快速诊断的重要手段。不同害源的为害都具有特异性的可供识别的表征，这种表征是确定病虫害性质和种类的重要依据。

现场调查是对植物病虫害进行实地考察和分析判断。观察病虫害的发生部位、症状（为害状），病害和虫害果园环境的关系。现场调查对生理性病害和病变性虫害的诊断极为重要。

害源鉴定通常在实验室进行，利用光学显微镜和电子显微镜对从果园采集的病虫害样本进行病原物和害虫种类鉴定。必要时进行病原物分离培养、致病性测定，还可以采用生理生化、免疫学和分子生物学等现代检测技术，进行害虫饲养和生物学特性观察。

1. 侵染性病害诊断

果树侵染性病害是由病原生物（病原物）引起的病害，因此侵染性病害在植株群体内具有发病中心有传染扩散的现象。果树生长过程中遭到病原物的为害，在形态上出现有别于正常植株的形态病变，这种形态病变表现的特征称为症状（表征）。症状作为诊断病害的重要依据，包括病状和病征两方面。

病状 发病果树及其器官出现的形态病变，包括五大类型，即变色、坏死、腐烂、萎蔫和畸形。

变色：发病植株局部或全株色泽异常，表现为褪绿、黄化、花叶、斑驳、条纹、条斑等。

坏死：发病植株局部或大片组织的细胞死亡。表现为叶斑和叶枯。

叶斑分为黑斑、褐斑、灰斑、白斑、黄斑、环斑或轮斑。叶枯指在较短时间内叶片出现大面积组织枯死。

腐烂：植株组织较大面积的破坏、死亡和解体，有软腐、湿腐、干腐等。

萎蔫：植株失水萎垂，主要是由于根系和茎叶维管束坏死所致，有青枯、枯萎等。

畸形：植物的细胞和组织过度增生或抑制，出现矮化、矮缩、扭曲、卷叶、肿大等。

病征 病原物在发病部位形成的结构，菌物（真菌）性病害的病征有霉状物、粉状物、点状物、颗粒状物等，细菌性病害的病征为菌脓。病毒病不形成外部病征。

2. 生理性病害诊断

果树生理性病害也称非侵染性病害，是由一类不利果树生长发育的物理因子和化学因子引起的病害。生理性病害没有传染扩散的现象，仅表现出病状而无病征，也分离不到病原物。生理病诊断通常是症状结合环境因子进行分析，也可进行模拟试验、化学分析、治疗试验和指示植物鉴定等。

3. 虫害诊断

不同害虫种类和同一种类不同虫态、龄期对植物的为害方式不同，对植物造成的为害状也不同。蛀食性害虫蛀食果树根、茎形成蛀孔，破坏果树输导组织引起果树枯萎；蛀食花蕾引起腐烂和落蕾，蛀食果实引起果腐和落果；蛀食枝梢引起枯枝枯梢；蛀食叶片的叶肉形成隧道引起叶枯。咬食性害虫通常造成叶片缺刻，或吃光叶片形成光杆；造成叶片孔洞，咬食嫩枝嫩梢生长点造成断头断茎、卷叶和缀叶筑巢。吸食性害虫常造成果树嫩芽嫩叶失绿变色、卷曲坏死、果实畸形，形成虫瘿。蚜虫、蚧、粉虱等害虫其虫体及分泌物直接污染果树叶片、枝茎和果实，影响光合作用、呼吸作用，阻碍果树正常生长发育，引起煤烟病。有些害虫能传播病原物引起果树病害。

（四）果树病虫害防治

◼ 1. 防治策略

果树病虫害防治应坚持"治未害，防急害，控慢害"即"强化预防性治理，严防急性病虫害，控制慢性病虫害"的策略和原则。预防性治理分两个阶段：无病虫先防和防病虫灾变。无病虫先防是指病虫害未发生时要做好健康栽培和清除菌源虫源等预防工作；防病虫灾变是指在发生病虫害初期要及时控治，防止病虫害扩散蔓延而造成灾害性损失。

果树病虫害根据其发生流行特点分为急性病虫害和慢性病虫害。

急性病虫害发生特点：病虫害流行具有周期性或间歇性、暴发性和突发性，能在短时间内大面积发生造成严重危害。这类有害生物的繁殖和传播通常与气候因素关系密切，有害生物繁殖率高，生活周期短，一年内能繁殖多代。例如，果树疫病、炭疽病、溃疡病、疮痂病、霜霉病、灰霉病、白粉病，蚜虫、介壳虫、粉虱、叶蝉、蓟马、蚊蝇类、螨类，防治这类病虫害应加强监测和预测预报，重视预防和早期防治。

慢性病虫害发生特点：病虫害常年发生和普遍分布，害源积累速度慢，短期内不会构成大面积流行成灾；如果多年发生不加控制，害源大量积累后将会造成较大产量损失，在局部可能造成毁灭性危害。慢性病的病原物传播途径以土壤传播和种苗传播为主，害虫为一代性害虫、一年或多年完成一代。例如，根腐病、缺素症、线虫病、天牛、柑橘象虫、荔枝蝽，防治这类病虫害应注重培育和使用无病虫种苗，加强病虫害发生情况调查，采用局部防治或挑治的方法加以控制。

◼ 2. 防治措施

（1）强化植物检疫

多种果树病虫害能通过种苗和果实传播，例如香蕉枯萎病、果树线虫病、果树瘿蚊、橘小实蝇都能随种苗调动或产品贸易传到新区。因此，要采取严格的检疫措施，防止这些危险性病虫害传入或输出。

（2）注重农业防治

农业防治是病虫害综合防治的基础措施，主要有如下措施。

①搞好果园卫生：病原菌和害虫可以在受害植株、病株病叶等残体、土壤和栽培基质中存活，果实产品收成后，要及时清除果园内的枯枝落叶、病株病果等残体，清除栽培环境中的杂草和其他宿主植物，消灭和减少有害生物初侵染源。

②优化栽培基质：要重视果园土壤健康修复，对种植多年的果园土壤要增施有机肥和有益微生物肥料；育苗土要使用新土或消毒土壤，选用清洁、健康的优质栽培基质。

③加强健身栽培：选用抗性强的优良品种和培育无病虫的健壮种苗，加强肥水管理，适时安全采收。果树设施栽培能有效预防多种病虫害，有条件的果树生产基地可使用设施栽培。

（3）科学使用农药

①对症用药，一药多治：各种农药都有适用防治对象，不同类型的病虫害须选用不同药剂，做到对症用药。例如，防治果树疫霉病或霜霉病的药剂不适合用于防治锈害、白粉病。有些农药有比较广泛的杀菌谱或杀虫谱，可以针对有相同发生期的病虫害选用广谱性农药，做到一药多治和多种病虫同时防治。例如，咪鲜胺类农药可以同时防治炭疽病、枯萎病和多种真菌性叶枯病、叶斑病，噻虫嗪可以防治蚜虫、粉虱、蓟马、介壳虫、跳甲等多种害虫。

②适时早治，确保防效：果树病虫害的发生具有从少到多、从点到面的传染过程，果树对病虫害有易感生育期，有害生物也有繁殖期和侵染期。因此，药剂防治要加强病虫害检查，做到适期早治，在病虫害发生初期施药，控制其扩散和蔓延。

③科学施药，安全优先：化学防治要有安全意识，保障产品安全和生态安全。使用化学农药应做到以下"三要三不要"：要购买正规农药，不要购买假劣农药；要适时适量用药，不要频繁过量用药；要对症按方

用药，不要乱混滥用农药。果树常用农药见下表。

果树常用农药与防治对象

农药品种（剂型）		防治对象
杀菌剂	多菌灵（25% 可湿性粉剂；40% 可湿性超微粉剂）	枯萎病、叶枯病、叶斑病
	甲基硫菌灵（70% 可湿性粉剂）	枯萎病、炭疽病、叶枯病、叶斑病
	苯醚甲环唑（10% 水分散粒剂；25% 乳油）	枯萎病、炭疽病、叶斑病、菌核病
	氰烯菌酯（25% 悬浮剂）	枯萎病、炭疽病等真菌病
	苯甲丙环唑（30% 乳油）	枯萎病、叶枯病、叶斑病、菌核病
	噻霉酮（3% 微乳剂；1.5% 水乳剂；1.6% 涂抹剂）	枯萎病、炭疽病和细菌性病害
	代森锰锌（43%、70%、80% 可湿性粉剂）	炭疽病、叶枯病、叶斑病、疫病
	嘧菌环氨（30% 悬浮剂；50% 水分散剂）	灰霉病
	嘧霉胺（40% 悬浮剂）	灰霉病
	异菌脲（50% 可湿性粉剂；50% 悬浮剂）	灰霉病
	乙烯菌核利（50% 水分散剂）	灰霉病、菌核病、白绢菌
	腐霉利（50% 可湿性粉剂）	灰霉病、菌核病、白绢菌
	菌核净（40% 可湿性粉剂）	灰霉病、菌核病、白绢菌
	丙环唑（2.5% 乳油）	炭疽病、锈病、叶斑病、菌核病
	咪鲜胺（25% 乳油；45% 水乳剂）	炭疽病、叶斑病、枯萎病
	咪鲜胺锰盐（50%、60% 可湿性粉剂）	炭疽病、叶斑病、枯萎病
	咪鲜·多菌灵（25%、50% 可湿性粉剂）	炭疽病、叶斑病、枯萎病
	吡唑醚菌酯（250 克／升乳油）	炭疽病、叶斑病、枯萎病

续表

农药品种（剂型）		防治对象
杀菌剂	嘧菌酯（50% 水分散剂；250 克 / 升悬浮剂）	炭疽病、黑星病、白粉病、锈病
	腈菌唑（5%、25% 乳油；40% 可湿性粉剂）	炭疽病、黑星病、白粉病
	烯酰吗啉（50% 可湿性粉剂；50% 水分散粒剂）	疫病、霜霉病、腐霉病
	烯酰吗啉代森锰锌（69% 可湿性粉剂；69% 水分散剂）	疫病、霜霉病、腐霉病
	甲霜灵（25% 可湿性粉剂；5% 颗粒剂；35% 粉剂）	霜霉病、疫霉病、腐霉病
	甲霜灵锰锌（58% 可湿性粉剂）	霜霉病、疫霉病、腐霉病
	三唑酮（20% 乳油；25% 可湿性粉剂）	锈病、白粉病
	氟菌唑（30% 可湿性粉剂）	锈病、白粉病
	烯唑醇（12.5% 可湿性粉剂；5% 乳油）	锈病、白粉病、疮痂病、炭疽病
	氟吡菌酰胺（41.7% 悬浮剂）	白粉病、菌核病、灰霉病、线虫病
	噻菌灵（40% 可湿性粉剂；15% 悬浮剂）	青霉病、绿霉病
	抑霉唑（50% 乳油；22% 水乳剂）	青霉病、绿霉病
	硫酸链霉素（72% 可溶性粉剂）	溃疡病、青枯病等细菌性病害
	噻菌铜（20% 悬浮剂）	溃疡病、青枯病等细菌性病害
	噻唑锌（20%、40% 悬浮剂）	溃疡病、青枯病等细菌性病害
	噻森铜（20% 悬浮剂）	溃疡病、青枯病等细菌性病害
	络氨铜（15%、20% 水剂）	溃疡病、青枯病等细菌性病害
	氢氧化铜（77% 可湿性粉剂；37.5% 悬浮剂）	青枯病、溃疡病、细菌性叶斑病
	苷·醇·硫酸铜（1.45% 可湿性粉剂）	病毒病

农药品种（剂型）		防治对象
杀菌剂	盐酸吗啉胍铜（25% 可湿性粉剂）	病毒病
	氮苷·吗啉胍（31% 可溶性粉剂）	病毒病
	烷醇·硫酸铜（1.5% 水乳剂；2.5% 可湿性粉剂）	病毒病
杀线虫剂	噻唑膦（10% 颗粒剂；20% 乳油）	植物线虫
	氟烯线砜（40%、48% 乳油）	植物线虫
	氟吡菌酰胺（41.7% 悬乳剂）	植物线虫
	威百亩（35%、42% 水剂）	植物线虫（定植前土壤消毒处理）
	棉隆（98% 颗粒剂）	植物线虫（定植前土壤消毒处理）
	氢氧化钙（50% 颗粒剂）	线虫（用于苗床育苗前土壤处理）
杀虫杀螨杀螺剂	高效氯氰菊酯（10% 乳油；5% 微乳剂；5% 悬浮剂）	蚧类、潜叶蛾
	高效氯氟氰菊酯（2.5% 乳油；2.5% 微乳剂；2.5% 水乳油）	食心虫、潜叶蛾、蚜虫、红蜘蛛、蟥
	溴氰菊酯（2.5% 乳油；2.5% 微乳剂；1.5% 水乳油）	食心虫、潜叶蛾、蚜虫、荔枝蟥
	唑虫酰胺（15% 乳油）	蓟马、叶蝉、飞虱、蚜虫、螨类
	吡虫啉（5% 乳油；10% 可湿性粉剂）	蚜虫、粉虱、蓟马
	啶虫脒（5%、20% 可湿性粉剂；3%、5% 乳油）	蚜虫、粉虱、蓟马
	毒死蜱（30% 微乳剂；40%、45% 乳油）	蚜虫、粉虱、蓟马、螨类
	噻虫嗪（25% 乳油）	蚜虫、粉虱、蓟马、介壳虫、跳甲
	噻嗪酮（25% 可湿性粉剂；20% 乳油）	粉虱、飞虱、叶蝉、蚧类、螨类
	克螨特（30% 可湿性粉剂；73% 乳油）	叶螨、锈螨、瘿螨
	螺螨酯（24%、34% 悬浮剂）	红蜘蛛、螨类

续表

农药品种（剂型）		防治对象
杀虫杀螨杀螺剂	杀扑磷（40%乳油）	介壳虫、蚜虫、粉虱
	噻螨酮（5%乳油；5%可湿性粉剂）	红蜘蛛、螨类
	乙螨唑（11%悬浮剂）	各种螨类，对卵效果佳
	四聚乙醛（6%颗粒剂）	蜗牛、蛞蝓
	杀螺胺乙醇胺盐（50%可湿性粉剂）	蜗牛、蛞蝓
生物农药	阿维菌素（1%、1.8%乳油；3%可湿性粉剂；10%水分散剂）	蚜虫、潜蝇、螨类、线虫
	淡紫拟青霉制剂（5亿活孢子/克粉剂）	根结线虫
	中生菌素（1%、3%水剂；3%可湿性粉剂）	溃疡病、轮纹病、叶斑病
	宁南霉素（2%、8%水剂）	香蕉束顶病、花叶心腐病等病毒病，白粉病、细菌性叶枯病

（4）推广绿色防控

①利用趋性诱杀：利用昆虫趋性（趋化性、趋光性、趋色性），使用信息素（性引诱剂、聚集素等）、杀虫灯、诱虫板（黄板、蓝板）等，能有效诱杀蛾类、蝶类、飞虱、叶蝉等多种果树害虫。诱杀介体害虫还能有效控制病害发生，例如利用黄板诱杀蚜虫，可以减轻蚜虫传播的病毒病。

②套袋保护避害：在不影响水果正常生长与成熟的前提下，水果套袋能隔离鸟类的侵袭、病原菌侵染、害虫取食为害以及风雨阳光的损伤，还能隔离农药与环境污染对水果造成残留和伤害。套袋措施阻隔了病虫及不良环境对果实的伤害，使成熟水果表面光洁、色泽鲜艳，提高了水果品质。

③保护利用天敌：自然界存在果树病原物和害虫的多种天敌，这些自然天敌在果园的生态系统中有效地控制着有害生物群落的发生及发

展。果园的自然环境中蚜虫的寄生性天敌有蚜茧蜂，捕食性天敌有瓢虫、草蛉、食蚜蝇、蜘蛛等；介壳虫的天敌有寄生性螨。根结线虫的寄生真菌有淡紫拟青霉、厚孢普可尼亚菌，寄生于线虫的细菌有巴氏杆菌；木霉菌能寄生多种病原真菌；座壳孢菌寄生柑橘粉虱和介壳虫。不适当的农事操作，例如不合理地施用化学农药，会杀灭杀伤天敌昆虫、天敌螨类和天敌微生物，降低天敌生物对有害生物的自然控制效能，使得有害生物数量更加迅速扩增，导致病虫害大发生。天敌的保护利用要做好两方面的工作：一方面要科学使用化学农药，保护天敌的自然种群；另一方面采取人为措施培殖和扩大天敌种群。例如，在发生根结线虫病的果园土壤中施用虾壳蟹壳等含几丁质的土壤调理剂，能诱导土壤中线虫的寄生真菌和寄生细菌生长，控制线虫的危害。

④推广生物防治：生物防治是利用天敌生物及其产品防治有害生物的方法。例如：利用蚜茧蜂防治果树蚜虫，利用平腹小蜂防治荔枝蝽，利用捕食螨防治柑橘红蜘蛛，利用淡紫拟青霉防治果树线虫病，利用阿维菌素防治粉虱、叶螨、瘿螨、蚜虫、线虫，利用中生菌素防治柑橘溃疡病，利用木霉菌剂防治果树白绢病、菌核病，利用宁南霉素防治香蕉病毒病等。

二、果树病害

（一）枯萎病和萎蔫病

枯萎病通常指植株叶片枯黄，枝条枯死。植物吸收和输送营养及水分的器官被毁坏，根系萎缩或坏死腐烂、茎腐烂、维管束等输导组织坏死等都会导致植物枯萎死亡。枯萎病症状包括茎腐和蔓枯，是由真菌侵染引起的一类病害，在发病的植物细胞组织上一般可以发现白色或粉红色霉层。

萎蔫病通常指植株在短时间内快速凋萎，植物的颜色仍然保持绿色。植株的根部和茎部腐烂、输导组织坏死会导致植物萎蔫死亡。萎蔫病症状是由细菌引起的一类病害，最典型的是细菌性青枯病。萎蔫病发病快，往往伴有腐烂等症状，发病部位可出现菌脓。

不同病因的萎蔫

果树遭受虫害、冻害、旱害或药害时也会表现出枯萎或萎蔫症状。因此，枯萎病和萎蔫病的诊断还要结合害源的鉴定和传染性观察。害虫引起的枯萎或萎蔫在受害的植株上会有虫伤口、虫尸或粪便。缺肥、冻害、干旱或药害引起的枯萎和萎蔫通常与一定范围的气候、土壤和农事操作有关，病植株上找不到相关的病原物或害虫。

---

1. 实例

（1）香蕉枯萎病

香蕉枯萎病也称香蕉巴拿马病、香蕉黄叶病。病害在苗期至成株期均可发生，通常在植株开花挂果期症状更明显。香蕉育苗期营养袋假植苗发病，表现为蕉苗茎叶萎蔫，剖视球茎和假茎维管束坏死变褐色。田间苗期和生长前期发病，表现为叶片黄化，植株基部假茎开裂，球茎和假茎维管束坏死变褐色，吸芽苗早发、<u>丛生</u>。成株期病叶自下而上发生，呈"一黄二枯三倒挂"现象：发病初期叶片先从叶缘开始黄化，并沿叶脉向中肋扩展；病叶由黄色变为褐色而干枯，叶柄在紧靠叶鞘处倒折，枯死叶片垂挂于发病蕉株上。假茎出现外皮纵裂内部褐变现象：近地面假茎外皮有纵向裂缝，球茎和假茎内维管束呈褐色坏死，发病严重时球茎心部大面积变褐坏死。结合病原菌观察，能更准确地进行诊断。取小块褐变假茎组织，于24~28℃保湿培养，24小时后观察可以看到，在褐变组织出现白色霉层，这是病原真菌的菌丝体、分生孢子和分生孢子梗。

病原为古巴尖镰孢（*Fusarium oxysporum* f. sp. *cubense*）。

香蕉枯萎病成株期症状

1. 病株；2. 病叶；3. 病茎基部开裂；4. 球茎维管束褐变；5. 假茎维管束褐变

香蕉枯萎病营养袋苗症状

1.病株; 2.球茎和假茎维管束变褐坏死

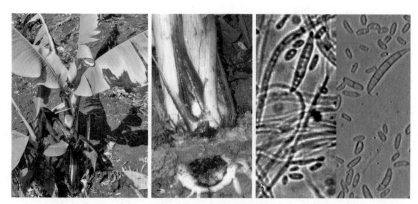

香蕉枯萎病田间苗期症状

1.病株及吸芽苗; 2.茎基开裂, 茎维管束变褐坏死; 3.古巴尖孢镰孢菌丝、大
型和小型分生孢子

（2）香蕉茎腐病

香蕉树幼株至成株期均可发生。植株上部叶片先萎蔫, 依次向下部
叶片发展, 最后基部老叶也相继枯萎下垂; 萎蔫叶片表现为青绿色, 叶
柄倒折。球茎和假茎内部变褐腐烂。

病原为果胶杆菌（*Pectobacterium carotovora*）= 胡萝卜软腐欧文氏
细菌 (*Erwinia carotovora*)。

香蕉茎腐病病株　　　　　　　　香蕉假茎横切面
病株（左）与健株（右）

（3）草莓枯萎病

病害多在苗期至开花期发生，初期心叶褪绿和黄化、卷曲皱缩，在 3 片小叶中有 1~2 叶变小畸形。老叶呈紫红色枯萎，病株矮小、后期叶片枯黄和全株死亡。病菌从根部侵染并向维管束扩展，根颈部和茎部维管束变褐色；切取病株根颈部和茎部坏死组织于 24~28℃ 保湿培养，24 小时后可以观察到病组织出现白色霉层，这是病原真菌的菌丝体、分生孢子和分生孢子梗。

病原为草莓尖镰孢（*Fusarium oxysporum* f. sp. *fragariae*）。

草莓枯萎病田间症状　　　　　　草莓枯萎病病株和维管束症状

（4）草莓青枯病

病害从苗期至结果期均可发生。病株根部腐烂，叶柄呈紫红色，叶片萎蔫脱落，而后全株枯死。将根冠横切或纵剖，可以看到中央组织变褐腐烂，腐烂部位的切面会产生乳白色菌脓。

病原为青枯劳尔氏细菌（*Ralstonia solanacearum*）。

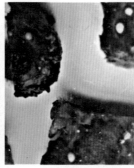

草莓青枯病病株　　　病组织的菌脓　　　病组织喷菌现象

（5）西番莲枯萎病

发病植株叶片褪绿皱缩，严重干枯脱落；病株枝蔓稀疏，初期有部分枝蔓枯死，后期整株枯萎死亡。病株根系衰退并伴有腐烂坏死症状，根系和根颈部有白色菌丝。纵切茎基部，维管束变褐坏死并向上部茎和枝蔓扩展。

病原为尖镰孢（*Fusarium oxysporum*）。

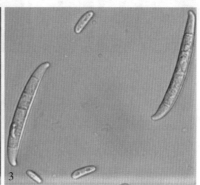

西番莲枯萎病

1. 根茎部症状；2. 维管束变褐坏死；3. 尖镰孢大型和小型分生孢子

（6）西番莲茎基腐病

被害植株茎基部皮层肿胀，呈水渍状腐烂，后期变褐形成裂纹，破碎易脱落，病组织从茎基部向上扩展。腐烂严重时木质部裸露并可能形成不定根。温湿度适宜时，可见茎基部和根颈部有白色菌丝，后期形成近圆形橘黄色子囊壳；病植株枝蔓枯萎，发病中期叶片褪绿、黄化，后期干枯脱落。

病原为腐皮镰孢（*Fusarium solani*），有性态为血红丛赤壳（*Nectria haematocca*）。

> **西番莲枯萎病与茎基腐病的区别**
>
> 枯萎病病原菌从根系侵入由输导组织向茎部扩展，根茎部维管束褐变，腐烂皮层表面不形成橘黄色子囊壳；茎基腐病病原菌由茎基部表皮侵入，引起根茎部周皮肿胀腐烂，腐烂皮层表面形成橘黄色子囊壳，维管束不变褐色。

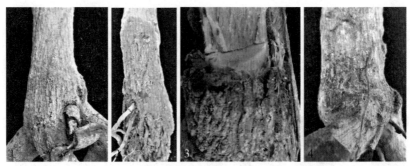

西番莲茎基腐病症状

1.根茎部皮层肿胀腐烂，有白色至粉红色霉状物；2.根茎部皮层肿胀腐烂开裂，木质部形成不定根；3.根茎部皮层肿胀腐烂，维管束不变褐；4.病组织形成橘黄色子囊壳

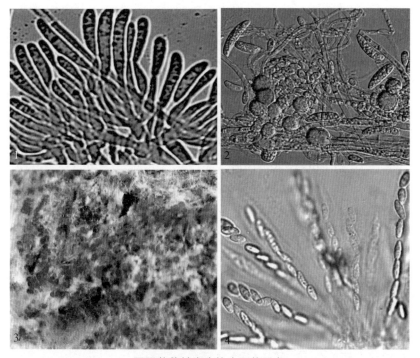

西番莲茎基腐病的病原菌形态

1.腐皮镰孢分生孢子梗和分生孢子；2.腐皮镰孢大型、小型分生孢子和厚垣孢子；3.丛赤壳橘红色圆球子囊壳；4.丛赤壳子囊和子囊孢子

2. 发生规律

枯萎病、茎基腐病、蔓枯病的病原菌在土壤和病株残体越冬，在土壤中可以长期存活。病果园再植发病严重。病害以带菌种苗和土壤远距离传播，田间传播通过流水、农事操作和病土病株搬移。

3. 防治措施

（1）加强检疫

果树枯萎病和茎基腐病可以通过种苗和土壤远距离传播。因此，要加强种苗的检疫检验工作，预防病害随带病种苗传入。不要从病区调运或引进果树种苗。

（2）选用和培育无病树苗

选用无病田培育果树苗木。营养袋育苗时要用干净新鲜的土壤、栽培基质和肥料。

（3）选育抗病品种和抗病砧木

不同果树品种对枯萎病和萎蔫病有明显的抗病性差异，可以选育抗病品种，也可选用抗病砧木嫁接防病。

（4）科学用药，适时防治

防治枯萎病、茎基腐病和蔓枯病应在移栽期和发病初期选用50%多菌灵可湿性粉剂 2 000 倍液、70%甲基硫菌灵可湿性粉剂 1 500 倍液、70%百菌清可湿性粉剂 600 倍液、10%苯醚甲环唑水分散粒剂 2 000~2 500 倍液喷施根颈部或沿植株茎基部淋浇至土壤湿润，隔 7~10 天施药 1 次，连施 2~3 次。防治青枯病或细菌性茎腐病等可选用72%农用链霉素可溶性粉剂 4 000 倍液、77%氢氧化铜可湿性粉剂 400~500 倍液、20%噻菌铜悬浮剂 500 倍液，于苗期、移栽期和发根期浇施或灌根，隔 7~10 天施药 1 次，连施 2~3 次。

（二）畸形和衰退病

果树遭受病毒和线虫侵染后都会表现出畸形或衰退症状，一些植物病原真菌、细菌也会引起果树畸形或衰退病。

衰退症表现为植株生长不良，矮小，叶片褪绿、黄化、花叶、小叶等。畸形症表现为植株矮化，叶片皱缩、芽叶或枝条丛簇束生；地下部症状有根结或根瘿、根系萎缩和粗短根。

1. 实例

（1）柑橘黄龙病

柑橘黄龙病是柑橘的重要病害。患病果树长势衰退，果实产量锐减，病树 3~5 年内枯死。症状表现为黄梢、错花、畸果、黑根。初发病时树冠部分新梢的叶片黄化形成黄梢，叶片变小、僵硬、脉肿、斑驳、提早落叶；病树开花早而多（错花），花序成簇（打花球），花朵略呈圆形（乒乓花）；果实小且少，产生斜肩果（果脐歪偏）、桶形果（果实变长）、红鼻果（果蒂部变红，果脐部绿色）、青果（不转色），病果味酸、果蒂下的果皮组织变黄；病树新根少，与黄梢相对应的根变黑、腐烂。

病原为亚洲韧皮部杆菌（*Liberobacter asiaticus*）。

柑橘黄龙病病株（黄梢）

柑橘黄龙病病叶（斑驳）

柑橘黄龙病红鼻果

柑橘黄龙病桶形果

（2）柑橘（柚）慢衰病

柑橘（柚）慢衰病又称柑橘半穿刺线虫病，是由半穿刺线虫（或称柑橘线虫）侵染引起的果树缓慢衰退病。果树苗期和成株期均可感染发病。雌线虫虫体前部钻入根组织内，营养根受害后植株的抗逆能力低下，不耐干旱和对土壤中营养的吸收能力减退，致使地上部树势衰退，叶片变小、褪绿黄化，落叶和秃枝，果实变小和产量降低。柚树受半穿刺线虫严重侵染后，表现叶片黄化、萎蔫，全株性枯死。营养根受线虫轻度危害时仅在表皮产生伤痕，受害严重的营养根变粗短。雌虫将卵产于由排泄孔分泌的胶质混合物中，土壤颗粒附在胶质混合物上，致使根表面显得很肮脏。受侵染的营养根由于有大量伤口，容易受土壤中一些病原真菌或细菌的次侵染，导致根表皮腐烂、皮层剥落和根死亡。病果园会发生重植病，病树挖除后重新栽种的树苗仍然会发生相同的病害。

病原为柑橘半穿刺线虫（*Tylenchulus semipenetrans*）。

芦柑慢衰病病株

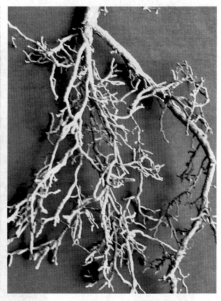

柑橘慢衰病病根

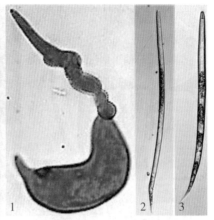

柑橘半穿刺线虫的侵染状态

1~2. 虫体染色显微照片；3. 虫体染色扫描电镜照片

柑橘半穿刺线虫形态

1. 雌虫；2. 雄虫；3. 幼虫

（3）柑橘根结线虫病

病树叶片褪绿和全株性黄化，梢少、短小，叶片变小，花多、果少，重病果树落叶、落花、落果，树势衰退直至绝收。线虫寄生于根皮与中柱之间，使中柱膨大，细嫩根组织形成巨形细胞，侵染部位肿大形成根

柑橘根结线虫病病株

柑橘根结线虫病根结形状

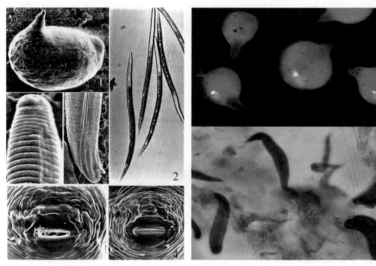

柑橘根结线虫形态 　　　　根组织内发育中的根结线虫

1.雌虫; 2.幼虫; 3.雄虫头部和尾部;
　　　4.会阴花纹

结。根结可以连续大量形成，使根系交错缠绕成团，根系畸形，新根和营养根少，后期根结崩解腐烂，形成烂根和根系萎缩。

病原为柑橘根结线虫（*Meloidogyne* spp.），据报道侵染柑橘的根结线虫达 12 种。

（4）柑橘（柚）暴衰病

柑橘（柚）暴衰病又称柑橘根腐线虫病，均由根腐线虫引起的病害，果树染病后会迅速衰退和死亡。病树树势衰弱，叶片小、稀少、僵硬和黄化；树冠枝叶稀少，多枯枝，重病果树枯死。根腐线虫侵害果树幼根的皮层薄壁组织，线虫在根组织内繁殖速度很快，能大量破坏浅层根系。病树根系萎缩，无营养根或极少，细根表皮产生褐色伤痕，皮层腐烂或剥落。病树抗旱和抗寒能力弱，遇干旱容易萎蔫，11~12 月大量落叶，春季花期提早和多花，结果少、果实小。

病原有咖啡根腐线虫（*Pratylenchus coffeae*）、玉米根腐线虫（*P. zeae*）和卢斯根腐线虫（*P. loosi*）。

柑橘暴衰病症状

柚暴衰病症状

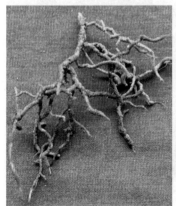
病树根系腐烂

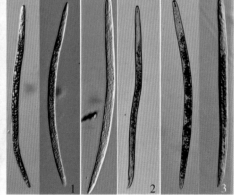
柑橘（柚）暴衰病的病原形态
1. 咖啡根腐线虫雌虫、雄虫；2. 卢斯根腐线虫雌虫、雄虫；3. 玉米根腐线虫雌虫、雄虫

（5）柑橘扩散性衰退病

柑橘扩散性衰退病又称柑橘穿孔线虫病，由穿孔线虫引起的病害。这种病害传染性强、扩散速度快，患病果园病树逐年增加，面积迅速扩大，数年之内可以导致毁园绝收。病树叶片小、稀少、僵硬、黄化，枯枝多、树冠上部枯枝更明显，产量低。重病树可以完全失去

产果能力，但一般不会死亡。受害根皮层肿胀、表皮疏松，后期腐烂。病树抗旱和抗寒能力弱，在干旱季节容易萎蔫，若遇霜冻则大量落叶直至死亡。

病原为柑橘穿孔线虫（*Radopholus citrophilus*）。

柑橘扩散性衰退病症状

病树根系腐烂

营养根腐烂

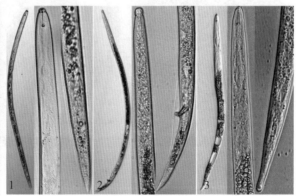

柑橘穿孔线虫形态

1. 雌虫整体、头部和尾部；2. 雄虫整体、头部和尾部；3. 幼虫整体、头部和尾部

柑橘黄龙病与柑橘线虫病的辨诊

柑橘黄龙病

a.黄梢：夏梢和秋梢易发病，树冠部分新梢叶片黄化，黄化叶片有斑驳、脉肿、僵硬。b.错花：病树开花早而多，花朵畸形，产生球形花。c.畸形果：果小畸形，产生红鼻果、桶形果、斜肩果、青果。d.乌根尾：病树新根少，旧根变黑腐烂。

柑橘线虫病

a.黄化：病树叶色褪绿，叶片全株性缓慢黄化，无斑驳或脉肿。b.早花：病树初期花期提早，不产生畸形花。c.少果：病树结果少而小，不形成畸形果。d.根腐和根结：病树无新根或新根少，根系衰退、腐烂，形成根结或肿胀根、粗短根。

病原检测鉴定：选取具有黄龙病典型症状的病叶提取其DNA，采用16SrDNA-PCR方法检测柑橘黄龙病病原，确诊柑橘黄龙病。取具有症状的营养根分离鉴定线虫，可确诊线虫病害。

（6）柑橘黄化脉明病毒病

该病害能发生在大多数柑橘属植物上，柠檬、酸橙、蜜橘受害最为严重。新梢症状明显，表现为小叶丛生、叶片黄化，叶脉透明、侧脉附近叶肉上产生不同长度的黄斑，叶背面侧脉附近呈水渍状；后期叶片皱缩、畸形。病树果实幼果畸形、发育不良，变硬酸化、果面凹陷等症状，商品性明显降低。病害主要为害春梢和秋梢，夏梢发病较轻；顶部枝梢受害比中、下部枝梢严重；脉明病毒病症状随着叶片的老化逐渐减弱，因此，老叶症状不明显。

病原为柑橘黄化脉明病毒（*Citrus yellow vein clearing virus*，CYVCV），为 α-线性病毒科柑橘病毒属的新成员。

患病的叶脉黄化透明

患病的新梢黄化卷叶   患病的老叶黄化和小果

（7）香蕉束顶病

香蕉束顶病一般在生长期发生，主要症状为"新叶成束、青筋显露、吸芽丛生"。新生叶片一片比一片短小，叶僵硬成束，病株矮缩。病株的叶脉、叶柄和假茎上呈现断断续续长短不一的浓绿条纹，称之为"青筋"。病株吸芽较多、丛生，吸芽成株后也发生束顶病。根头红紫色，根腐烂和不发新根，不抽蕾。抽蕾期发病果穗短、果小，肉脆无香味，果柄细长而弯曲。

病原为香蕉束顶病毒（*Banana bunchy top virus*， BBTV）。

香蕉束顶病病株（矮化、   病株产生的病吸芽苗   丛生的病吸芽苗
新叶束生）

（8）香蕉花叶心腐病

患病蕉株呈"花叶和心腐"：叶片出现断续的褪绿黄色条斑或梭形圈斑，顶部嫩叶呈扭曲和束生状；花叶症出现后，病叶可能破碎腐烂；心叶和假茎内部呈现水渍状变黑，假茎横切面变黑腐烂。

病原为黄瓜花叶病毒（*Cucumber mosaic virus*，CMV）。

病株假茎心腐

香蕉花叶心腐病症状

病株心叶畸形变色腐烂

病株心叶卷曲腐烂

（9）香蕉根结线虫病

香蕉袋栽苗、吸芽苗和田间蕉株均可发生根结线虫病。田间受侵害的香蕉植株较矮小，生长衰退，产量下降；根部呈根尖肿大，通常不形成明显根结，新根少，根系萎缩。营养袋假植的香蕉组培苗染病后植株矮小，叶片褪绿，叶尖、叶缘焦枯；根系畸形，产生明显根结，根结呈念珠状、鼓槌状、锥状或纵长弯曲的瘤状。解剖根结可发现一个根结中有1只或多只雌虫，雌虫将卵产于胶质状的卵囊中；将病根染色观察发现，2龄根结线虫侵入根尖分生区或伸长区，引起根尖组织扭曲膨大。

病原有花生根结线虫（*Meloidogyne arenaria*）、南方根结线虫

（*M. incognita*）、爪哇根结线虫（*M. javanica*）、禾草根结线虫（*M. graminicola*）和象耳豆根结线虫（*M. enterolobii*）。

香蕉根结线虫病田间症状（植株矮小、黄化）

  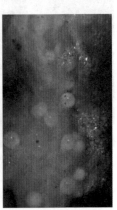

香蕉苗根结线虫病　　　根部形成根结和腐烂　　　根结内的根结线虫雌虫

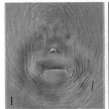   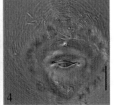

香蕉根结线虫病病原的会阴花纹

1. 南方根结线虫；2. 爪哇根结线虫；3. 禾草根结线虫；4. 象耳豆根结线虫

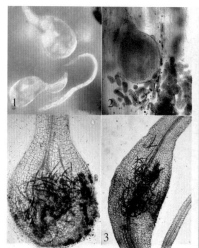

香蕉根结线虫病的病原形态

1. 根结线虫雌虫和雄虫；2. 雌虫和卵；
3. 根结组织中的幼虫

花生根结线虫形态

1. 雌虫整体、头部和会阴花纹；2. 雄虫整体、
头部和尾部；3. 幼虫整体、头部和尾部

（10）香蕉肾形线虫病

受侵害香蕉植株叶片黄化、边缘焦枯，果指僵硬、不能正常膨大和成熟，受害严重的香蕉树呈现萎蔫。病株根系萎缩坏死，根粗短、表皮开裂；营养根形成褐色伤痕，后期皮层腐烂和剥落形成根腐。雌线虫头部潜入根皮层，卵产于根表的胶质卵囊中，卵囊半球形、表面黏附土壤，剥开卵囊可以看见雌虫。

病原为肾形肾状线虫（*Rotylenchulus reniformis*）。

香蕉肾形线虫病苗（左）与健苗（右）比较

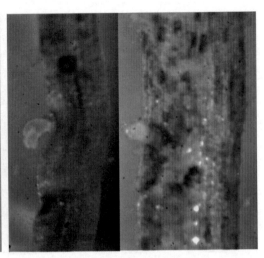

肾形肾状线虫根结线虫复合　　　　肾形肾状线虫侵染状态
　　　侵染症状

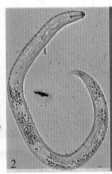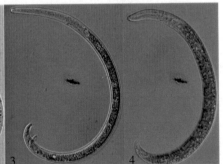

肾形肾状线虫形态
1. 成熟雌虫；2. 年轻雌虫；3. 雄虫；4. 幼虫

（11）香蕉根腐线虫病

根腐线虫为害香蕉根的皮层组织，将口针插入维管束细胞或中柱鞘中进行取食。受害根表皮形成红色伤痕；伤痕可深入根的韧皮部组织，后期根皮层腐烂。受害植株矮小，叶缘和叶尖枯黄。

病原有斯佩杰短体线虫（*Pratylenchus speijeri*）和咖啡根腐线虫（*P. coffeae*）。

 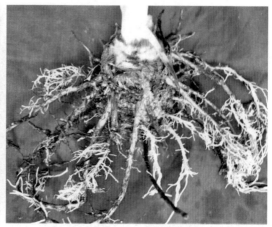

香蕉苗根腐线虫病症状　　　　　　香蕉根腐线虫病根部症状

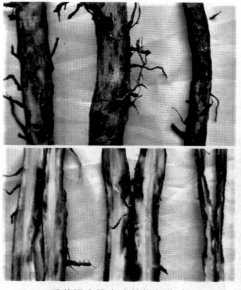 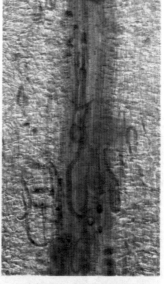

香蕉根腐线虫病的根部伤痕　　　　　病根组织内的根腐线虫
根表皮（上）和根纵剖面（下）

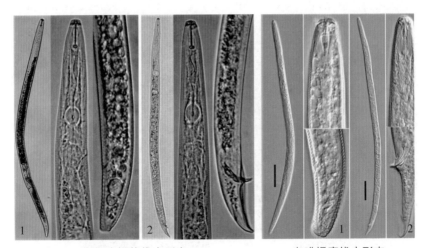

斯佩杰短体线虫形态

1. 雌虫整体、头部和尾部；2. 雄虫整体、头部和尾部

咖啡根腐线虫形态

1. 雌虫整体，头部和尾部；2. 雄虫整体、头部和尾部

（12）香蕉螺旋线虫病

受害香蕉植株表现生长缓慢，叶片黄化、叶缘焦枯，根部腐烂，严重时叶片萎垂。螺旋线虫为害香蕉根皮层，形成大量点状或条状红褐色斑痕。由于土壤中微生物的次侵染，导致大量烂根。有些成株期

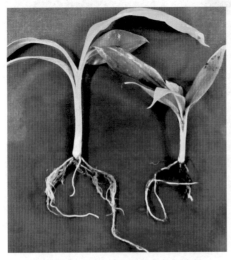

香蕉健苗（左）与病苗（右）比较

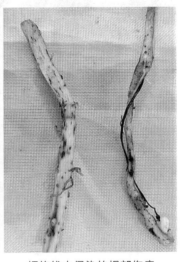

螺旋线虫侵染的根部伤痕

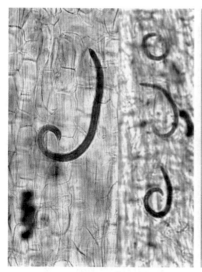

侵入根组织内的螺旋线虫 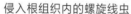 双宫螺旋线虫雌虫

或挂果期香蕉树根系完全腐烂、仅存根盘，由于失去固着能力致使蕉株翻蔸倒塌。香蕉苗受螺旋线虫侵染后植株矮小，叶片枯黄；根系稀疏，形成黑根和烂根。

病原为双宫螺旋线虫（*Helichotylenchus dihystera*）。

（13）龙眼鬼帚病

龙眼苗期和成株期均可发病，病毒可侵害新梢、嫩枝、叶片、花穗。龙眼树得病后，新梢节间缩短、呈帚状丛生；嫩梢受害，幼叶狭小、叶色淡绿、叶缘向内卷曲，严重时形成线状叶、烟褐色。成年叶受害后叶面凹凸不平，叶缘向背面卷曲，出现明脉和斑驳；小叶叶柄变宽扁化。病梢上的各种畸形叶后期脱落形成帚状秃枝，俗称"鬼帚"。病花穗节间粗短、丛生或簇生，花量大、花朵畸形膨大，俗称"鬼穗"或"虎穗"。病穗干枯后不易断落，常悬挂于树梢上。病花器不发育或发育不全，花早落。病树不结果，或果小且少。

病原为龙眼鬼帚病毒（*Longan witches broom virus*，LWBV）。

龙眼鬼帚病出现的帚状秃枝 　　　龙眼鬼帚病呈现的"鬼穗"

（14）荔枝鬼帚病

荔枝树苗期和成株期均可发病。病树通常枝梢顶部幼叶不伸展，卷曲形成月牙状，叶尖内卷形成小圆圈；有些嫩叶呈细条状扭曲；有些叶片叶缘外卷或产生缺刻；叶脉隆起形成脉肿，叶肉褪绿并形成黄绿相间的斑驳状。病枝梢节间缩短，有些不定芽陆续长成枝梢，使枝梢呈帚状

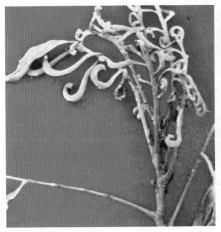

荔枝鬼帚病新梢及新叶症状 　　　病枝条发生的不定芽长成丛枝状

丛枝；秋后叶片脱落呈帚状丛枝。花穗受害后花梗及小穗不能伸展，密集生长呈簇生状。病花器不能发育或发育不全，花早落、不结果或果小且少。

病原为龙眼鬼帚病毒（*Longan witches broom virus*，LWBV）。

（15）龙眼根结线虫病

病树长势弱，树冠新叶小、叶缘卷曲、叶片黄化、落叶，新梢少而纤弱、枯梢多。根结单生或串生，椭圆形、近球形，有些根结在根一侧隆起呈近半圆形。多个根结可以聚集在一起形成不规则形的大瘤，使根显得臃肿。根结表面可长须根，须根受侵染后产生次生根结。受害根粗短、扭曲，根结前期为黄色或红色，后期坏死呈黑色，细根腐烂、容易断裂。

病原有南方根结线虫（*M. incognita*）、爪哇根结线虫（*M. javanica*）和龙眼根结线虫（*M. dimocarpus*）。

龙眼根结线虫病衰退症状

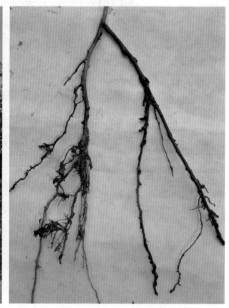

龙眼根结线虫病根部症状

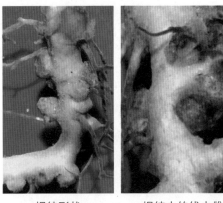

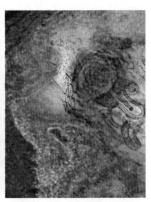

根结形状　　　　　根结内的线虫雌虫　　　根结组织内的线虫幼虫

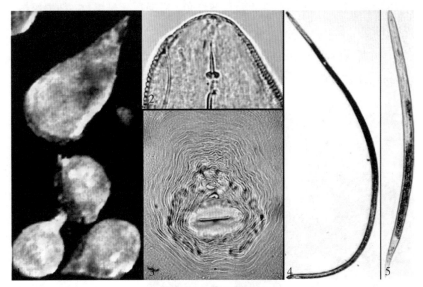

龙眼南方根结线虫形态

1. 雌虫整体；2. 雌虫头部；3. 雌虫会阴花纹；4. 雄虫；5. 幼虫

（16）荔枝根结线虫病

荔枝苗期和成株期均受根结线虫侵染，病苗生长矮小，叶小褪绿。成年树长势弱，新梢较少并产生枯枝，果实产量较低。根部密生根结，根结呈红褐色至黑色、呈瘤状，表面粗糙；数个根结聚生形成表皮粗糙的条形肿块；后期根结表皮呈黑褐色腐烂。病根组织染色可见不同

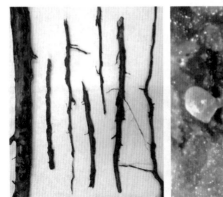

荔枝根结线虫病根部症状　　线虫雌虫的寄生状态　　病根组织中的虫体和卵

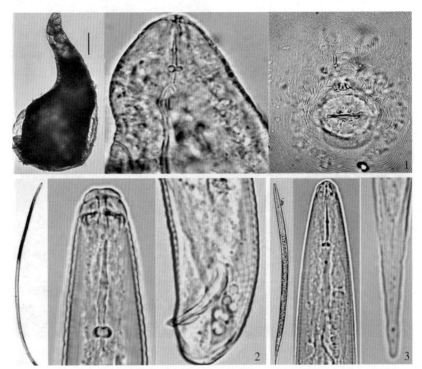

象耳豆根结线虫形态

1. 雌虫整体、头部和会阴花纹；2. 雄虫整体、头部和尾部；3. 幼虫整体、头部和尾部

发育阶段的根结线虫寄生于根内。

病原为象耳豆根结线虫（*Meloidogyne enterolobii*）。

（17）桃缩叶病

病害主要发生在叶片、嫩梢、花和幼果上。受害幼叶呈波纹状皱缩卷曲，粉红色；随病叶长大叶缘向叶背卷曲度增大，直至全叶卷曲；叶片肥大易脆，呈红褐色；后期病叶表面呈粉红色或紫红色，有灰白色粉层。病叶逐渐变黑干枯脱落，枝梢枯死。嫩枝受害，节间缩短，自顶部向下肿胀，呈棒状。花瓣肥大变长，病果畸形、果面常龟裂。

桃缩叶病症状

病原为畸形外囊菌（*Taphrina deformans*）。

桃缩叶病病叶

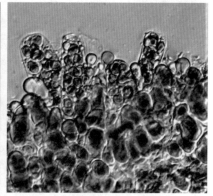

畸形外囊菌子囊及子囊孢子

（18）桃（李、棕）根癌病

病树和病苗生长缓慢，植株矮小，叶片黄化，树势早衰。成年果树产量低，果实变小，果树寿命缩短。癌瘤形成于根颈部，侧根和支根也可以受侵染形成癌瘤。癌瘤褐色，木栓化，表面粗糙，质硬。

病原为根癌土壤杆菌（*Agrobacterium tumefaciens*）

桃（李、棕）根癌病症状

1~2. 桃根癌病；3. 李根癌病；4. 棕根癌病

（19）桃根结线虫病

病树植株矮化，叶片褪绿变红，树势衰退；抗逆能力差，在干旱情

桃根结线虫病症状

桃根结线虫病根形状

况下容易萎蔫。苗期发病，植株矮小衰弱。根部形成根结，新根少，根系萎缩。

病原有爪哇根结线虫（*Meloidogyne javanica*）和南方根结线虫（*M. incognita*）。

果树根癌病与果树根结线虫病辨诊

果树根癌病

蔷薇科果树和葡萄易发病。根癌大多数发生于土表下根颈部，肿瘤初期呈圆形、白色、光滑，后期表面产生龟裂，最大直径可达10厘米；肿瘤切片在显微镜下观察可以看到细菌从组织中逸出。

果树根结线虫病

各种果树均可发病。根结产生于根系，被侵染的根中柱肿大与膨大的雌虫组成根结；根结形状不规则，表面有次生侧根、常附有胶质卵囊，卵囊表面粘有细沙土。剖开根结有白色球形雌虫。

（20）葡萄病毒病

①葡萄扇叶病毒病：叶片变为短宽扇形，叶缘缺刻深裂，叶色淡绿或黄化，伴随有斑驳。新梢不正常分枝，产生双芽，节间变短和长短不一。果穗少、穗小，果粒小，无食用价值。病原为葡萄扇叶病毒（*Grapevine fanlea virus*，GFLV）。

②葡萄卷叶病毒病：病叶变厚、变脆，叶缘下卷。叶脉间有褪绿或红变。病株矮小，新梢萌发推迟。病原为长线病毒属中的多种病毒，主要有葡萄卷叶病毒（*Grapevine leafroll virus*，GLRV）。

③葡萄花叶病毒病：染病植株矮小，叶片黄化、褪绿斑驳、皱缩

葡萄扇叶病毒病症状

葡萄卷叶病毒病症状

葡萄花叶病毒病症状

畸形，影响果实的品质和产量。病原有番茄斑萎病毒（*Tomato spotted wilt virus*，TSWV）等多种病毒。

（21）番木瓜花叶病毒病

苗期和成株期均可发病。苗期发病，叶皱缩、花叶，植株生长矮小，严重时全株死亡。成株期新叶和顶部叶片发病，褪绿、斑驳、花叶，病叶后期枯死脱落，重病树成为光干状。病树翌年春梢萌发形成新叶，叶片呈蕨叶状、线形叶等。此病有隐症现象，夏天高温抑制病害发生，夏梢抽出的新叶正常，到温度降低后又会出现花叶症。果实小，畸形、表皮凹凸不平。

病原为番木瓜花叶病毒（*Papaya mosaic virus*，PMV）。

番木瓜花叶病毒病症状
1. 花叶；2. 叶片卷曲；3. 线形叶和蕨叶叶片卷曲

番木瓜花叶病毒病果实畸形　　　　番木瓜花叶病毒病隐症现象

夏梢正常（上）与春梢发病（下）

（22）西番莲花叶病毒病

①西番莲黄瓜花叶病毒病：受害的叶片畸形、稍皱缩，叶缘向上卷曲；末端叶脉黄化坏死，坏死部可扩散至叶肉；果实发病前期褪绿着色不均匀，产生畸形果；后期变色部坏死，果皮皱缩。

西番莲黄瓜花叶病毒病症状

叶缘向上卷曲（左）和叶片畸形（右）

西番莲夜来香花叶病毒病症状

西番莲花叶病毒病病果

病原为黄瓜花叶病毒（*Cucumber mosaic virus*，CMV）

②西番莲夜来香花叶病毒病：叶片受害表现出明显的花叶症状，严重时叶片局部畸形，局部失绿明显。

病原为夜来香花叶病毒（*Telosma mosaic virus*，TeMV）。

西番莲花叶病毒病还有其他多种病毒，田间可发生多种病毒复合侵染。

（23）西番莲根结线虫病

根结线虫在侧根和营养根的根尖后部或幼嫩部侵染形成根结。根结表面可以产生细小须根，根结后的根组织可能产生次生根，次生根遭受再侵染而形成新的根结。不断重复侵染后导致根系产生大小不等的根结，根系萎缩并形成根结团。受害严重的植株生长衰退，叶片稀少黄化。

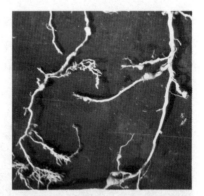

西番莲根结线虫病的根结形状

病原为南方根结线虫（*Meloidogyne incognita*）和花生根结线虫（*M. arenaria*）。

（24）西番莲肾形线虫病

肾形线虫为害植株营养根形成褐色伤痕，后期皮层腐烂剥落、根表开裂形成根腐，营养根生长受阻导致病株根系萎缩坏死。受害严重的植株叶片黄化，生长衰退。

病原为肾形肾状线虫（*Rotylenchulus reniformis*）。

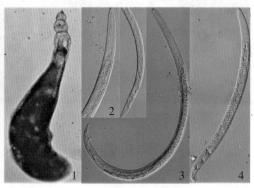

西番莲肾形线虫病的根结形状　　　　肾形肾状线虫形态

1. 成熟雌虫；2. 未成熟雌虫；3. 雄虫；4. 幼虫

（25）杨梅根结线虫病

病树生长衰弱，叶片变小、褪绿黄化、质脆僵硬，新梢少而纤弱，落叶和形成枯梢。重病树多枯梢或全株枯死，病果呈僵果悬挂于枯枝上。根系产生大小不一的根结，根结单独形成时呈球形或椭圆形，多个根结相互联结形成根结块。根结线虫侵染的根系后期变黑腐烂，极少或不形成根瘤菌。

杨梅根结线虫病衰退症状　　　　杨梅根结线虫病的病株枯死

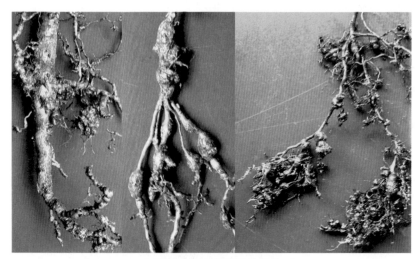

杨梅根结线虫病的根结形状

病原有爪哇根结线虫（*Meloidogyne javanica*）、南方根结线虫（*M. incognita*）和北方根结线虫（*M. hapla*）。

（26）番石榴根结线虫病

根结线虫病是番石榴的重要病害，幼树和成年树均可受侵染。苗期发病时先从叶尖和叶缘处产生红色斑点，病斑扩大并相连形成大斑，病

番石榴根结线虫病果园

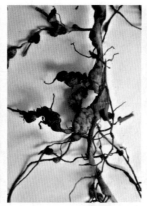

番石榴根结线虫病症状　　番石榴根结线虫病的根结形状　　根结组织中的线虫幼虫（上）和雌虫（中：多条，下单条）

斑向叶内扩展导致整张叶变红、枯萎卷曲。成年树受害，叶片褪绿、红化，叶脉间的叶肉组织转为红褐色，红化组织从叶缘向中脉扩展。后期除了叶脉保持黄绿色外，整叶呈紫红色。植株中下部叶片先发病并向上部扩展。病树矮小、生长停滞、无产果能力，重病树枯死。病树根系产生单个和串生的球形根结，新鲜根结呈白色或黄色，后期腐烂变黑，多个根结相互联结形成大根结团、根系肿胀变形。线虫寄生于根皮层与中柱之间并发育成熟，1个根结组织内有1至多个雌虫。

病原为象耳豆根结线虫（*Meloidogyne enterolobii*）。

（27）番石榴根腐线虫病

番石榴苗期和成株期均可受根腐线虫侵染。病树长势衰弱，叶片沿叶尖和叶缘焦枯，病树叶片脱落和枯死。线虫由幼根尖端或表皮组织侵入，并在根组织内迁移取食，造成根皮层组织大面积受伤死亡。被侵染的根表皮初期呈浅褐色，后期深褐色至黑褐色，整条根萎缩腐烂。

病原为短尾根腐线虫（*Pratylenchus brachyurus*）。

番石榴根腐线虫病症状

番石榴根腐线虫病根部症状

侵入根组织内的根腐线虫

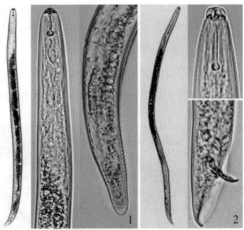

短尾根腐线虫形态

1. 雌虫整体、头部和尾部；2. 雄虫整体、头部和尾部

（28）草莓茎线虫病

受害植株茎、叶片和叶柄扭曲、肥厚，植株矮化。花和果实部位形成虫瘿。解剖畸形组织，在皮层和薄壁组织可见到大量线虫。该病害在潮湿凉冷天气危害严重。

病原为起绒草茎线虫（*Ditylenchus dipsaci*）。

草莓茎线虫病病株（左）和病花序（右）　　起绒草茎线虫成虫

（29）草莓滑刃线虫病

草莓滑刃线虫病又称"草莓春矮病"。线虫在发育中的芽和叶片表面取食，导致叶片皱缩、扭曲，比正常叶片小。在主脉附近产生粗糙的灰色斑块，受害花序的花冠败育、形成次生花冠并延迟开花，病株果实产量严重下降。病原线虫常与缠绕红球菌（*Rhadococcus fascians*）复合侵染，病植株矮缩成1厘米高的似花椰菜状肉质莲丛，称为"草莓花椰菜病"。

病原为草莓滑刃线虫（*Aphelenchoides fragariae*）。

草莓滑刃线虫病症状　　　　　草莓滑刃线虫形态

叶芽受害状（上左），叶片受害状（上右，下）　　1. 雌虫；2. 雄虫

2. 发生规律

柑橘黄龙病的病原细菌可以在田间病株体内越冬，通过带病苗和带病接穗远距离传播，田间通过嫁接和木虱传播。

桃缩叶病的病菌外囊菌寄生性强，以子囊孢子或芽孢子在果树的芽鳞片内外越冬。该病只有初侵染，不引起再侵染，早春多雨病害严重。

果树病毒病的病毒体可以通过种子、苗木、无性繁殖材料（插条、接穗、砧木）进行远距离传播，田间通过昆虫（木虱、蚜虫、螨）和线虫（如葡萄扇叶病毒）传播，有些病毒还可以通过病植株的汁液传播（如番木瓜花叶病毒和葡萄扇叶病毒）。高温干旱、土壤温度高湿度低、土壤瘠薄、植株生长不良均有利于病害发生，虫害严重、农事操作粗放可加剧病害。

果树病原线虫通过带病土壤和苗木调运远距离传播。果苗带线虫是果树线虫病大面积发生的重要原因。香蕉组培苗用营养袋假植时，由于土壤未经严格消毒普遍发生根结线虫病和肾形线虫病。柑橘苗带半穿刺线虫也极其普遍，这是柑橘慢衰病大面积发生的重要原因。在田间通过农事操作，土壤移动，水流和根系相互接触传播。多数病原线虫侵害果树根部，线虫在病根组织内和土壤中存活并积累，发病果园极容易发生重植病。病果园挖除病树后重新种植果树苗，仍然会发生相同的病害。线虫还经常与真菌、细菌、病毒形成复合侵染，加剧对果树的危害。

3. 防治措施

（1）预防为主，培育无病种苗

培育和种植无病苗或脱毒组培苗是防治果树病毒病和柑橘黄龙病的根本措施。苗圃要与病果园隔离；从健康果树采集插条或接穗，使用健康砧木；培育和种植脱毒组培苗可有效预防香蕉束顶病和花叶心腐病。柑橘黄化脉明病毒主要是嫁接传播、苗木带毒可实现远距离传播，该病害防治要培育和种植无毒苗，加强苗木的检疫。大多数果树线虫病可以通过种苗传播，例如：柑橘苗能传播柑橘半穿刺线虫、穿孔线虫，香蕉苗传播根结线虫和肾形线虫，草莓种苗能传播滑刃线虫和茎线虫。因此，培育和选用无线虫种苗也是防治线虫病害的一项经济高效的措施。

（2）卫生防御，清除菌源虫源

针对昆虫传播的病害，喷施低毒杀虫剂消灭媒介害虫能有效杜绝病害传染。果树新梢萌发初期至幼叶期选用 25% 噻虫嗪水分散剂 8 000~10 000 倍液、70% 吡虫啉水分散粒剂 8 000~10 000 倍液、3% 啶虫脒乳油 2 000~2 500 倍液、50% 抗蚜威水分散粒剂 2 000~3 000 倍液、5% 顺式氯氰菊酯乳油 5 000~10 000 倍液喷施。果园发现病树后应及早砍除，消灭发病中心清除毒源。

桃缩叶病防治应在果树春芽萌动期选用有机硫类（代森锌、福镁锌）和有机杂环类农药（三唑酮、烯唑醇、丙环唑、腈菌唑、氟菌唑）按规定用量和浓度喷施 1 次。

防治果树线虫病要注重种植地和育苗地的土壤卫生，选用清洁无病原线虫的地块培育或种植健康果树苗木。育苗地要远离发病果园并选用新鲜的原始土壤。苗圃土壤被感染，在播种或种植前可以选用棉隆 98% ~ 100% 微粒剂按每平方米土壤施药 30~40 克进行熏蒸处理。

（3）发病果园科学治理

果树线虫病是引起果树衰退的重要病害，对发生病害的果园可以采用以下治理措施。

①客土法：果树春季新梢萌发前通过扩穴和挖除烂根、填入干净客土、增施腐熟有机肥和磷钾肥，改善根周围微生态环境等措施进行恢复性治疗。

②土壤调理和生物防治：在沿海地区可施用虾壳和蟹壳等海产品的废弃物，促进土壤中有益微生物生长繁殖和增强植株抗性；推广使用淡紫拟青霉制剂和厚壁孢普可尼亚菌制剂。

③适度化学防治：重病果园重植期和生长期适当施用杀线虫剂。果树春季新梢萌发和新根发生前通过扩穴和挖除烂根，在树冠滴水线内挖直径 30 厘米，深 15~20 厘米的环状沟，用细沙土拌 10% 噻唑膦颗粒剂 25~50 克/株施入沟中，施药后覆土并浇水湿润土壤。

（三）斑点和焦枯病

果树局部细胞组织坏死形成斑点或病斑，斑点病大多数发生于叶片和果实，也会发生于枝干。斑点病的病原菌主要有真菌和细菌，真菌性斑点后期通常会产生霉粉状或粒点状物等病征，细菌性斑点病在病斑周围通常呈水渍状，潮湿条件下会溢出菌脓。病斑扩大或密集产生时可以引起叶枯、枝枯和果腐。真菌侵染产生的病斑形状有疮痂（病斑木栓化、隆起）、圆斑（圆形）、轮斑（坏死组织颜色深浅不一，呈同心轮纹）、胡麻斑（斑点小而多，椭圆形）等；细菌侵染产生的病斑有溃疡斑（病斑木栓化、有裂纹）、角斑（多角形）和不规则形病斑。病斑颜色有黑斑、灰斑、黄斑、褐斑等。炭疽病是果树的重要斑点病，也是水果贮运期的重要病害；果实和叶片上的炭疽斑呈圆形或近圆形，具轮纹状排列的小黑点，潮湿时产生粉红色黏稠物。

1. 实例

（1）柑橘（柚）溃疡病

病害在叶、枝和果上均可发生。叶片上病斑初呈黄色油渍状小点，随后逐渐扩大并穿透正反两面，表面粗糙、木栓化，有火山口状开裂。病斑近圆形，常有轮纹或螺纹，周围有暗色油腻状外圈和黄色晕圈。果

柑橘溃疡病病叶

柑橘溃疡病不同发病期的病叶

柑橘溃疡病病果

柑橘溃疡病不同发病期的　　　　柚溃疡病病叶　　　　　柚溃疡病病果
病果

实和枝条上病斑木栓化程度更严重，火山口状开裂更明显。

病原为柑橘黄单胞菌柑橘亚种（*Xanthomonas citri* subsp. *citri*）。

（2）柑橘疮痂病

病害发生在新梢、幼叶和幼果上。叶片上的病斑初呈蜡黄色小斑点，后逐渐转为黄褐色和木栓化，病斑在叶片正面凹陷、背面突出、呈漏斗状，表面粗糙，病斑多时叶片扭曲畸形。幼果受害，果皮上形成木栓化瘤状突，受害较轻时果实发育不良，果实小且畸形，皮厚汁少味酸；受害严重时大量落果。

病原为柑橘痂圆孢（*Sphaceloma fawcettii*）。

柑橘疮痂病病叶病斑凸起（左）　　　柑橘疮痂病病果的木栓化瘤突
和凹陷（右）

（3）柑橘（柚）炭疽病

病害发生在叶、枝、果和果梗上，症状有急性型和慢性型。急性型在叶片上形成半圆形或不规则形大斑块，而后腐烂落叶；枝梢受害呈暗绿色水渍状，后期变黑凋萎；叶和枝梢病斑上都有朱红色小液点。慢性型病斑多数发生于叶尖和叶缘，病部与健部界线清楚，病斑边缘褐色稍隆起、中部有轮状排列的小黑点。枝梢多从腋芽处开始发病，病部环绕枝梢造成枯枝。幼果受害形成僵果；成果受害形成大干斑（病斑不规则、干缩、革质、限于果皮），贮藏期受害腐烂（自果蒂部变褐，侵入瓤囊，导致果实腐烂）。果梗和果蒂受害导致落果。

病原为胶孢炭疽菌（*Colletotrichum gloeosporioides*），有性态为小丛壳（*Glomerella* sp.）。

柑橘炭疽病病果蒂   柑橘炭疽病病果

柚炭疽病病枝条   柚炭疽病病叶   柚炭疽病病果

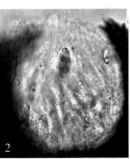

柚日灼斑上发生炭疽病

胶孢炭疽菌形态

1. 分生孢子盘和分生孢子；2. 小丛壳的子囊壳

（4）柑橘（柚）黑斑病

柑橘（柚）黑斑病又称柑橘（柚）黑星病，是由叶点霉（*Phyllosticta* spp.）引起的一类病害。该病害的病原种类和症状呈多样性。黑斑病可以发生于叶片、枝条和果实，以果实受害更大。

①柑橘黑斑病：黑斑病主要发生于果实上，有 4 种病斑类型：硬斑型、雀斑型、急性型、污斑型。

硬斑型　病斑多在朝阳面出现，病斑散生、褐色、圆形至椭圆形；病斑形成初期周围有淡绿色晕圈，后期扩大并凹陷，木栓化开裂隆起。病斑密集形成时，可数个病斑相互联结形成较大的不规则形斑块。

雀斑型　也称"红斑"。病斑发生在果实成熟期，多产生在朝阳面，圆形或近圆形，初期为淡黄色，后转为红色。

急性型　许多病斑相互连接或扩展，覆盖于果面的大部分，可以引起落果。

污斑型　病斑污黑色，表面具有裂纹，边缘不规则。

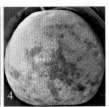

柑橘黑斑病症状类型

1. 硬斑型；2. 雀斑型；3. 急性型；4. 污斑型

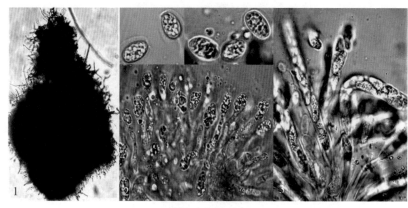

柑橘叶点霉形态

1.分生孢子器；2.产孢细胞和分生孢子；3.球座菌子囊和子囊孢子

病原为柑橘叶点霉（*Phyllosticta citricarpa*），有性态为柑橘球座菌（*Guignardia citricarpa*）。

②柚黑斑病：柚黑斑病主要发生于果实上，也可为害叶片和枝条。有4种病斑类型：硬斑型、雀斑型、急性型、瘤斑型。同一个果实上可能同时产生2种病斑类型。病斑大量形成时会影响果实生长，产生僵果、瘦果及落果。

硬斑型 柚黑斑病最重要的类型。病斑发生在果实转黄至成熟期，多数分布在朝阳面的果皮。病斑散生、圆形至椭圆形，初期为黑褐色小点，周围有淡绿色晕圈；随后病斑产生流胶，中央呈灰白色至棕色，上生小黑粒（分生孢子器），病健交界处有明显的红棕色界线。病斑经多次流胶渐趋成熟，形成木栓化并开裂隆起。

雀斑型 病斑出现在果实成熟期。病斑红色，近圆形或不规则形，后期病斑中央灰色至棕色凹陷，产生小黑粒。病斑形成和扩展期间会不断流胶，数个病斑可相互联结成大的不规则形斑块。

急性型 病斑产生于果皮，病斑扩展和相互联结形成革质状斑块，产生大量流胶。在果实未成熟前可能引起落果或采收后造成损失。

以上三种症状类型的病原为亚洲柑橘叶点霉（*Phyllosticta citriasiana*）和中华柑橘叶点霉（*Phyllosticta citrichinaensis*）。

柚黑斑病症状类型

1. 硬斑型；2. 雀斑型；3. 急性型

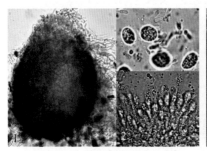

亚洲柑橘叶点霉形态

1. 分生孢子器；2. 分生孢子和产孢细胞

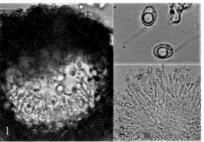

中华柑橘叶点霉形态

1. 分生孢子器；2. 分生孢子和产孢细胞

瘤斑型 病害通常产生于未成熟果。果实套袋前一般不发生，果实成熟解开套袋后在柚果表面散生黑色、圆形或近圆形小粒点，小黑点略隆起形成瘤状，病斑未发现有流胶。黑色瘤状斑点在叶片上和枝条上更加明显。

病原为意大利果壳叶点霉（*Phyllosticta capitalensis*）

柚果瘤斑型黑斑病

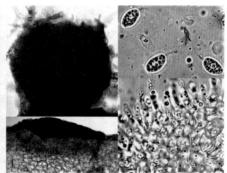

柚叶片瘤斑型黑   柚枝条瘤斑型   意大利果壳叶点霉形态
斑病   黑斑病   1.分生孢子器和子座; 2.分生孢子和产孢
                                          细胞

（5）柑橘褐斑病

叶、梢和果都会受害发病。幼叶发病初期产生褐色斑点，并不断扩展，病斑中央灰白色外层深褐色，病斑上产生灰黑色至黑色的霉层，病斑周围有明显的黄色晕圈。叶柄受侵染后变黑腐烂，病菌从叶柄向中脉及侧脉扩展蔓延，导致叶脉变褐坏死和叶片腐烂。花梗和花蕾受侵染后变黑腐烂。幼果、膨大期近成熟的果实均可发病；幼果发病产生深褐色近圆形小斑，病斑密集形成引起果实变黑坏死；大果发病，病斑初期为水渍状暗褐色，随后病斑扩大形成近圆形，外层褐色，

柑橘褐斑病新梢病叶（病斑有黄晕）

中央凹陷灰白色，木栓化微隆起的痘疮状病斑。整个新梢都可染病，先出现针头状黑褐色凹陷小点，后扩展成椭圆形或梭形斑，病斑上产生灰黑色霉状物，病斑绕茎扩展并导致新稍变黑褐色枯死，叶片腐烂脱落。

病原为链格孢（*Alternaria alternata*）。

柑橘褐斑病病叶（叶脉褐变坏死）　　柑橘褐斑病花期（左）和幼果（右）症状

柑橘褐斑病病枝条　　　　　　柑橘褐斑病病果

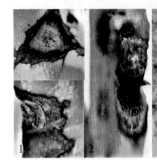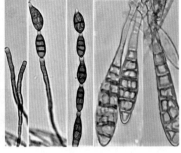

柑橘褐斑病病斑形态　　　链格孢分生孢子梗、分生孢子着生
1. 叶斑；2. 茎斑；3. 果斑　　　　　方式及分生孢子形态

（6）柑橘黄斑病

柑橘黄斑病又称脂斑病、脂点黄斑病，为害新叶和青果。果实膨大期发病先产生芝麻大小的褪绿斑，后逐渐扩大为黄色斑，病斑上有密集的深褐色油脂状小粒点。单个病斑大小为 0.2~0.5 毫米，数个病斑可连成黄色斑块。病斑可深入果皮下 1~2 毫米。叶片上病斑与果上相似，病斑在叶正面光滑、叶背面产生密集的深褐色油脂状小粒点。

病原为橘座球腔菌（*Mycosphaerella citri*）。

柚黄斑病果实田间症状

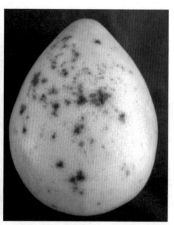

柚黄斑病果实后期症状

柚黄斑病病叶（正面）

柚黄斑病病叶（背面）

（7）柑橘（柚）砂皮病

病害可发生于树干、枝条、叶片和果实。树干受害称树脂病，叶片、果实和新梢受害，称砂皮病或黑点病。果树主干和枝条受害产生褐色病斑，有褐色胶液渗出。新叶、嫩梢、果实受害后，产生许多黄褐色至黑褐色硬胶质小粒，俗称"砂皮"或"黑点"。贮藏期引起蒂腐，并向脐部发展导致果心腐烂，俗称"穿心烂"。

病原为柑橘拟茎点霉（*Phomopsis citri*），有性态为柑橘间座壳（*Diaporthe citri*）。

柑橘砂皮病病果（左）和病枝叶（右）

柚砂皮病病果（左）和病叶（右）

金柑砂皮病病果（左）和病梢叶（右）

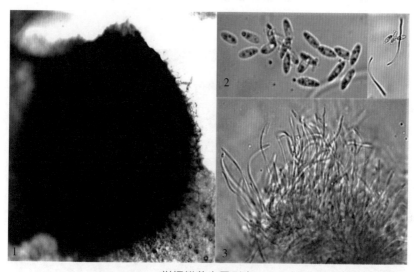

柑橘拟茎点霉形态

1.分生孢子器；2.甲型和乙型分生孢子；3.产孢细胞

（8）香蕉炭疽病

该病害发生在果实、叶片和叶鞘上。果实以成熟期和贮运期受害严重，病菌从果面和果端侵染。果面受害时先产生黑褐色小圆斑，后逐渐扩大为近圆形、椭圆形、梭形至不规则形暗褐色稍下陷的大斑，数个病斑可相互联结成不规则形的大斑块，其上密生带黏稠的小黑点

（病菌分生孢子盘及分生孢子）；随后病斑向纵横扩展，果皮及果肉变褐腐烂。

田间青果期病菌可从果实顶端侵染引起顶腐病。果实受害初期产生暗褐色病斑，病斑扩展引起果顶塌陷腐烂，腐烂部位产生黑色霉层和小黑点。

叶片受害叶面产生褐色圆形或椭圆形病斑，病斑扩大后中央灰白色，外缘褐色稍隆起。

为害香蕉叶鞘引起鞘腐病。病害发生初期在香蕉叶鞘上产生密集的褐色水渍状病斑，病斑逐渐扩大并相互联结使整片叶鞘变黑，后期叶鞘腐烂倒折，叶片黄化和干枯。

病原有炭疽菌（*Colletotrichum* sp.），顶腐病和鞘腐病的病组织上还可能发现其他种类的真菌或细菌。

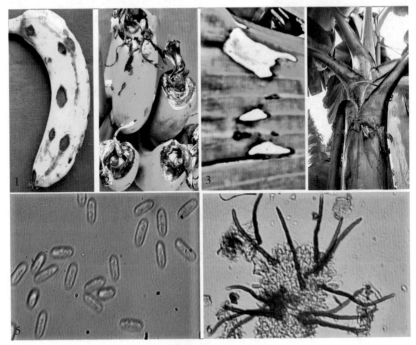

香蕉炭疽病症状和病原

1. 果斑；2. 顶腐；3. 叶斑；4. 鞘腐；5. 病菌分生孢子；6. 病菌分生孢子盘

（9）香蕉黑星病

香蕉黑星病又称黑痣病、黑斑病。主要为害叶片和青果，成熟果实较少发生。果实发病初期多在果肩弯背部散生小黑点，随后小

香蕉黑星病果穗受害状

香蕉黑星病果指受害状

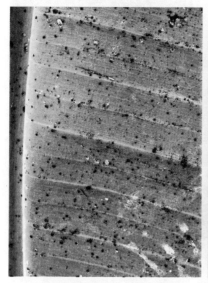
香蕉黑星病叶片受害状（前期）

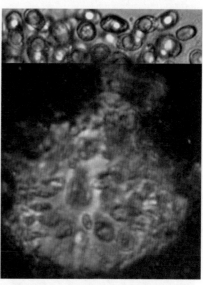
香蕉大茎点菌分生孢子器和分生孢子

黑点密集形成，可以布满整个果实，导致果实变黑、果面粗糙。随着果实成熟，成堆的小黑点周围形成椭圆形或圆形的褐色小斑，随后病斑逐渐转为暗褐色或黑色；病斑外缘呈淡褐色，中部组织腐烂下陷其上形成突起的小黑粒（分生孢子器）。叶片发病，在叶面及中脉上散生或密集形成小黑点，后期小黑点周围呈淡黄色，叶片变黄凋萎。

病原为香蕉大茎点菌（*Macrophoma musae*）。

（10）香蕉灰纹病

香蕉灰纹病又称暗双孢叶斑病。发病初期在叶面上形成椭圆形或不规则形病斑，逐渐扩大形成长椭圆形大斑。病斑发生于叶缘时呈半圆形或"U"形。病斑中央灰褐色至灰色、具轮纹，周围深褐色，外围有黄色晕圈。

病原为香蕉暗双孢（*Cordana musae*）。

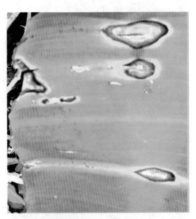

香蕉灰纹病叶面病斑

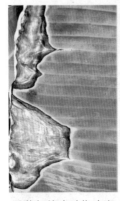

香蕉灰纹病叶缘病斑

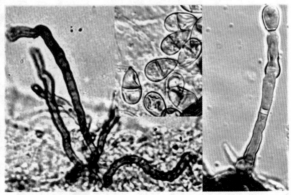

香蕉暗双孢分生孢子梗和分生孢子

（11）香蕉煤纹病

香蕉煤纹病多数发生于中老龄叶片的叶缘。病斑前期呈水渍状，深褐色，椭圆形。后期扩大形成大面积枯死斑块，斑块上有明显轮纹，病斑边缘深褐色，病部与健部分界明显。

病原为簇生小窦氏霉（*Deightoniella torulosa*）。在煤纹病斑上还分离到长蠕孢（*Helminthosporium* sp.）和平脐蠕孢（*Bipolaris* sp.）。

香蕉煤纹病田间症状

香蕉煤纹病前期症状

香蕉煤纹病后期症状

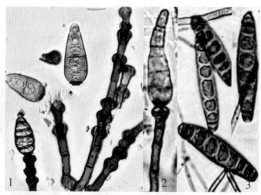
香蕉煤纹病病原
1.簇生小窦氏霉分生孢子梗和分生孢子；2.长蠕孢分生孢子梗和分生孢子；3.平脐蠕孢分生孢子

（12）香蕉褐缘灰斑病

香蕉褐缘灰斑病又称黄叶斑病。发病初期在叶片上散生褐色至深褐色的小条斑，病斑沿叶脉纵向扩展为粗条斑。病斑密集形成并相互联结成大块斑，引起叶片和叶缘大面积枯焦。枯斑中央暗灰色或灰白色，边缘褐色或红褐色。

病原为香蕉假尾孢（*Pseudocercospora musae*），异名为香蕉尾孢（*Cercospora musae*）。

香蕉褐缘灰斑病田间症状　　　　　香蕉褐缘灰斑病初期症状

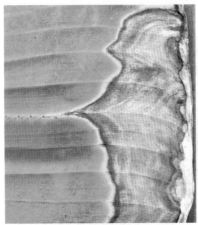
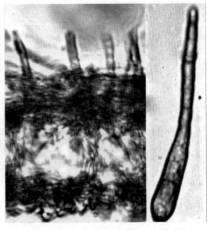

香蕉褐缘灰斑病后期症状　　　　香蕉假尾孢分生孢子梗和分生孢子

（13）香蕉拟盘多毛孢叶斑病

病害发生在香蕉叶片上，病斑从叶缘产生，并沿叶脉向内扩展。病斑初期为暗褐色近圆形，病斑及坏死叶脉上可形成白屑状霉层。病斑扩大并引起叶脉坏死和叶缘焦枯。枯死部中央为灰白色，外层为褐色，边缘深褐色，枯死斑后期形成小黑点（分生孢子盘）。

病原为生屑拟盘多毛孢（*Pestalotia leprogena*）。

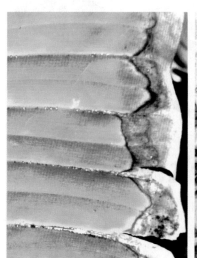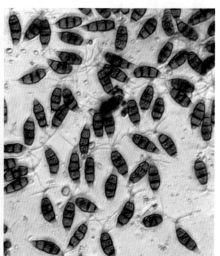

香蕉拟盘多毛孢叶斑病症状　　　　　生屑拟盘多毛孢分生孢子

（14）荔枝炭疽病

叶片、枝条和果实均可发病，以果实受害为主。果实成熟期至贮运期均可发病，病菌从果蒂部或果面侵染；果蒂发病初期，果蒂周围果皮形成近圆形、褐色至黑褐色病斑，病斑上产生黑色小粒点；果面发病时在果皮上形成近圆形、褐色至黑褐色病斑，病斑稍凹陷，病斑上产生小黑点；发病后期果肉腐烂，变酸。枝条发病变黑枯死，上面产生小黑点。叶片发病症状有叶斑型和叶枯型。叶斑型病斑发生于叶面、叶尖或叶缘，病斑初期呈褐色，圆形或近圆形小斑，随后扩展为黄褐色不规则形的大斑块，斑块中央灰白色、边缘褐色，上生小黑点。叶枯型病斑发生于嫩叶叶尖或叶缘，随后病斑向叶内和叶基部扩展，形成大面积枯死，枯死部叶片向内纵卷，叶背面产生小黑点。

　病原：果实炭疽病为胶孢炭疽菌（*Colletatrichum gloeosporioid*），叶片炭疽病为荔枝炭疽菌（*Colletotrichum Litchii*）。

荔枝炭疽病病果

荔枝炭疽病病叶（叶斑型）

荔枝炭疽病病叶（叶枯型）

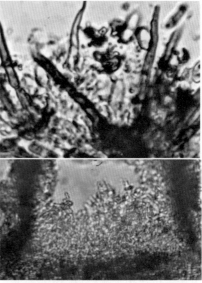

荔枝炭疽菌的分生孢子盘及分生孢子
（上）和胶孢炭疽菌（下）

（15）荔枝枯斑病

病害发生在成年叶和老叶上。病斑产生于叶面或叶缘，初期为褐色小斑点，后逐渐扩大为圆形、近圆形或不规则形大斑块，中央灰白色、上生小黑点，边缘褐色。病斑枯死组织易破碎形成缺刻或穿孔。

病原为蛇孢腔菌（*Ophiobolus* sp.）。

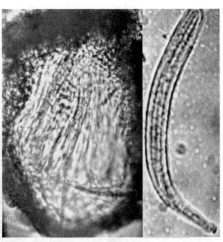

荔枝枯斑病症状　　　　蛇孢腔菌子囊壳（左）和子囊（右）

（16）荔枝斑点病

病害发生在嫩叶和未成年叶上。病斑生于叶面或叶缘，初期为褐色小圆点，随后扩大为圆形、近圆形或不规则形，直径 1~5 毫米，中央灰

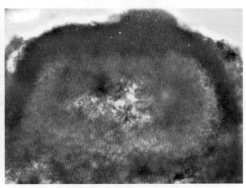

荔枝斑点病症状　　　　荔枝盾壳霉分生孢子器

白色、上生小黑点，边缘褐色。

病原为荔枝盾壳霉（*Coniothyrium Litchii*）。

（17）荔枝叶斑病

病害发生在成年叶和老叶上。病斑产生于叶面和叶缘，初期为褐色小斑点，后逐渐扩大为圆形、近圆形，数个病斑相连导致叶组织大面积枯死，病斑中部灰白色、上生小黑点，边缘细窄、褐色。病斑后期破碎形成缺刻或穿孔。

病原为茎点霉（*Phoma* sp.）。

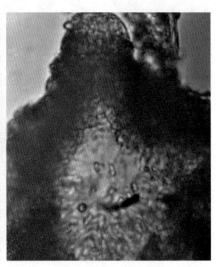

荔枝叶斑病症状　　　　　　茎点霉分生孢子器

（18）龙眼炭疽病

病害主要发生在叶片上，症状有枯斑型和晕斑型。枯斑型病斑产生于较老的叶片，病斑初期为褐色小圆点随后扩大为不规则的大斑块，中央灰白色、着生小黑点，多个病斑相联结致使叶片大面积枯焦。病斑也可发生或扩展到叶脉、叶柄和枝梢，嫩梢受害顶部先呈萎蔫状，后期整条嫩枝呈黑褐色枯死。晕斑型病斑产生于较细嫩叶片，病斑初期为黄色晕圈的小点状褐斑，随后扩大为圆形或近圆形斑点，病斑中央灰白色，边缘褐色，外缘有较宽的黄色晕圈。

病原为胶孢炭疽菌（*Colletatrichum gloeosporioid*）。

龙眼炭疽病症状

1. 枯斑型前期病叶；2. 枯斑型后期病叶；3. 晕斑型病叶

（19）龙眼褐斑病

病害发生在成年叶和老叶上。病斑产生于叶面和叶缘，圆形或近圆形，病斑中部灰白色、上生小黑点，边缘褐色。病斑后期破碎形成缺刻或穿孔，引起落叶。

病原为叶点霉（*Phyllosticta* sp.）。

龙眼褐斑病症状

（20）龙眼叶斑病

病害发生在新叶或成年叶上。病斑产生于叶面和叶缘，初期为褐色

龙眼叶斑病症状

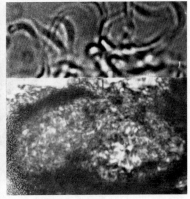

双毛壳孢分生孢子器（上）和分生孢子（下）

小斑点，后逐渐扩大呈圆形或近圆形，病斑中部灰白色、上生小黑点，边缘细、褐色。病斑老化后易破裂。

病原为双毛壳孢（*Discocia* sp.）。

（21）龙眼灰斑病

病害常发生于成年叶和老叶上。病斑多从叶尖和叶缘开始发生，向下和向内扩展，形成大的灰褐色病斑，病斑两面散生黑色小粒。

病原为疏毛拟盘多毛孢（*Pestalotiopsis pauciseta*）。

龙眼灰斑病症状　　　　　疏毛拟盘多毛孢分生孢子盘

（22）龙眼叶枯病

病害发生于成年叶，病斑从叶尖开始发生，向下扩展形成大面积叶组织坏死，坏死组织呈褐色至灰褐色，表面生黑色霉状物，病斑边缘褐色、病部与健部界限明显。

病原为枝孢霉（*Cladosporium* sp.）。

龙眼叶枯病症状　　　枝孢霉分生孢子梗和分生孢子

（23）桃（李、棕）炭疽病

桃炭疽病发生普遍、危害严重，李、棕炭疽病零星发生。病菌能侵染果实、叶片、枝梢和花穗，主要以果实为主。

桃硬核前的幼果发病，病斑初期呈淡褐色水渍状小斑点，随后扩大为圆形或近圆形红褐色凹陷斑。潮湿条件下病斑上产生黏状红色小粒点。病果多数脱落，少数残存于枝梢成为僵果。近成熟期果实发病，病斑凹陷、中央呈同心环状皱缩，病斑相互联结成不规则大斑块，病斑上长出灰黑色霉状物和产生小黑粒，病果腐烂。

李和棕果实炭疽病病斑初期为黄褐色斑点，随后扩大为圆形或近圆

桃炭疽病幼果期的病果

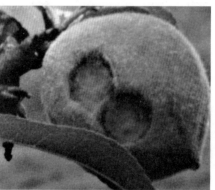

桃炭疽病近成熟期的病果

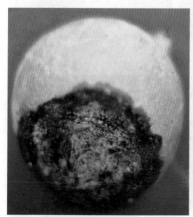

李炭疽病病果

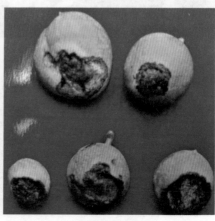

棕炭疽病病果

形大斑，病斑黑褐色凹陷、中央有小黑粒点呈环状排列。

病原为胶孢炭疽菌（*Colletotrichum gloeosporioides*）。

（21）桃（李、棕）黑星病

黑星病又称疮痂病、黑痣病。病菌主要侵害果实，也为害叶片和新梢。果实发病时病斑多分布在果肩部及果缝两侧。发病初期病斑为暗褐色圆形小点，后扩大为黑色斑点，直径2~3毫米，数个病斑可联结成不规则黑色斑块。病组织仅在果实皮层扩展，不深入果肉，不引起果实腐烂。随着果实膨大，受害果皮常发生龟裂而露出果肉。叶片受侵染后，叶背面出现不规则或多角形紫红色至暗褐色斑点，病组织干枯脱落而出现穿孔症状。新梢上病斑稍隆起，长圆形、褐色，伴有流胶，病部与健部界限明显。

病原为嗜果黑星孢（*Fusicladium carpophilum*）。

桃黑星病症状　　　　　　　　　桃黑星病病叶

 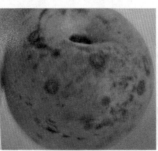 

桃黑星病病枝梢　　　李黑星病病果　　　棕黑星病病果

（25）桃（李、棕）真菌性穿孔病

真菌性穿孔病有褐斑穿孔病和霉斑穿孔病，以褐斑穿孔病较为常见。褐斑穿孔病主要为害叶片，也可为害新梢和果实。叶片病斑初期呈圆形或近圆形，边缘紫色，有环纹，直径1~3毫米；后期病斑上产生灰褐色霉状物，病斑干枯脱落形成穿孔，孔洞边缘整齐。新梢和果实染病，病斑与叶片的病斑相似，后期斑上长出灰褐色霉状物。

霉斑穿孔病可为害叶片、花、果和枝梢。叶片病斑初期呈圆形、紫色或紫红色，后期病斑逐渐扩大为近圆形或不规则形，褐色，直径2~6毫米。湿度大时在病斑背面长出黑色霉状物，病叶脱落后形成穿孔。花梗染病后不开花并干枯脱落。新梢染病，病斑中部暗褐色、边缘红色，产生流胶；果实染病其病斑小而圆，紫色、凸起粗糙。

病原：褐斑穿孔病为核果尾孢（*Cercospora circumscissa*），霉斑穿孔病为嗜果刀孢（*Clasterosporium carpophilum*）。

桃褐斑穿孔病症状　　　　棕褐斑穿孔病症状

（26）桃（李、棕）细菌性穿孔病

叶片、新梢和果实都能发病，以叶片发病为主。叶片发病初期产生水渍状小圆斑，随后逐渐扩大为圆形或近圆形直径2~6毫米的褐色病斑。病斑边缘有黄绿色晕圈，潮湿时病斑背面常溢出黄白色黏性菌脓。病斑干枯后边缘形成一圈裂缝，易脱落形成穿孔。

枝梢受害形成溃疡症状，枝梢上产生暗褐色小疱斑或暗紫色凹陷斑。病斑表面开裂，潮湿时溢出黄白色黏性菌脓。

果实受害初期产生水渍状淡褐色稍凹陷的小圆斑，后期病斑稍扩大、褐色，天气干燥时病斑表面开裂。

病原为甘蓝黑腐黄单胞桃李致病变种（*Xanthomonas campestris* pv. *pruni*）。

桃细菌性穿孔病病叶　　李细菌性穿孔病症状　　棕细菌性穿孔病病叶

（27）桃黑斑病

病害发生在果实、枝干和叶片上。果实受害初期产生黄褐色小斑，随后扩大为黑色、圆形或近圆形，稍凹陷大斑，病斑上产生黑色霉层。果柄和枝干受害，病斑圆形或椭圆形，中央褐色并产生黑色霉层、边缘深褐色。叶片上病斑为圆形或近圆形，中央灰黑色、有黑色霉层，边缘深褐色。

桃黑斑病症状

病原为链格孢（*Alternaria alternate*）。

（28）李（榇）叶枯病

李和榇叶枯病的病原有多种，引起的叶枯症状有区别。

①李黑叶枯病：病菌侵染叶片，病斑多发生于叶尖和叶缘。叶面上的病斑呈圆形或近圆形、褐色；叶尖和叶缘病斑半圆形、褐色，后逐渐向叶片内扩展或多个病斑相互联结，引起叶片组织大面积变黑枯焦。枯死组织后期中央呈黄褐色，边缘褐色，上面散生小黑点。

病原为球壳孢（*Sphaeropsis* sp.）。

 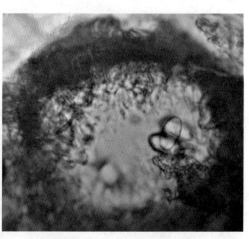

李黑叶枯病症状　　　　　球壳孢分生孢子器和分生孢子

②榇褐叶枯病：病菌从叶尖和叶缘侵染，形成半圆形褐色斑点，病斑外缘有黄色晕圈。病斑逐渐向叶片内扩展，引起叶片组织大面积褐色枯焦，枯死组织上散生小黑点、外缘有细窄的黄晕。

病原为小穴壳（*Dothiorella* sp.）。

③榇赤叶枯病：叶缘发病形成半圆形红褐色斑点。病斑逐渐向叶片内扩展或数个病斑相联结，沿叶片一侧大面积褐色枯焦，枯死组织上散生小黑点。病叶向发病一侧弯曲和皱缩，病组织干枯后可能破裂脱落。

病原为拟盘多毛孢（*Pestalotiopsis* sp.）。

棕褐叶枯病症状

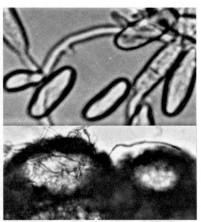

小穴壳菌分生孢子（上）和分生孢子器（下）

棕赤叶枯病症状

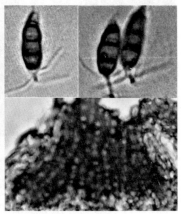

拟盘多毛孢分生孢子（上）和分生孢子盘（下）

（29）李（棕）红点病

病害主要发生在叶片上，在果实也可发生。叶片受害初期形成橙黄色圆形病斑，病斑边缘清晰，组织肥厚。病斑正面凹陷、背面稍隆起，上生许多红色小粒点（分生孢子器，也称性子器）。后期病叶多转为深红色，叶片卷曲、正面凹陷，背面凸起，形成黑色小粒点（子囊壳）。果实受害，病斑圆形，初为黄色后转为红褐色，稍隆起，其上散生深红色小粒点；病果畸形。病害发生严重时果树大量落叶和落果。

病原为李疔座霉（*Polystigma rubrum*），无性态为李多点霉（*Polystigmina. rubra*）。

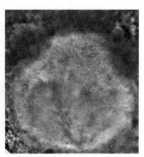

李红点病果、叶症状　　　李红点病症状　　　李多点霉分生孢子器

（30）梨轮纹病

梨轮纹病为害枝干、叶片和果实，造成烂果和枝干枯死。枝干发病以皮孔为中心，形成水渍状暗褐色斑。病斑扩大呈圆形，中心隆起呈瘤状，边缘凹陷；后期病斑边缘翘起如马鞍状，数个病斑相连形成不规则大斑块，病斑中央产生小黑点（分生孢子器或子囊壳）。发病

梨轮纹病病果症状及落果

梨轮纹病病枝条　　　　　梨轮纹病病叶

严重的病树长势衰弱，叶片枯黄，枝条枯死。果实发病多在近成熟期和贮藏期，以皮孔为中心形成褐色水渍状圆形病斑，后逐渐扩大呈暗红褐色至浅褐色，具明显的同心轮纹，中央散生黑色粒点。病果易脱落，腐烂快，发出酸臭味，渗出茶色黏液。叶片发病，形成近圆形或不规则褐色轮纹病斑，病部灰白色，产生黑色粒点；叶片上发生多个病斑时，病叶干枯脱落。

病原无性态为轮纹大茎点菌（*Macrophoma kuwatsukai*），有性态为梨生囊孢壳（*Physalospora piricola*）。

（31）梨黑星病

病害发生在果实、叶片和枝条上。果实受害初期形成黄褐色圆形斑点，随后扩大为圆形或近圆形黑色病斑。病斑木栓化、有些斑点表面形成裂痕；病果畸形、果肉僵硬。叶片受害，叶背产生圆形或近圆形黄褐色病斑。新梢和枝条受害，产生黑褐色或黑色椭圆形溃疡病斑。

病原为梨黑星孢（*Fusicladium pyrinum*）。

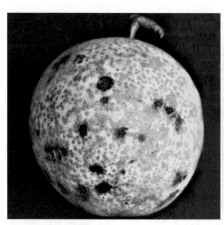
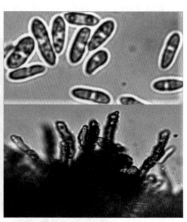

梨黑星病病果　　　　　梨黑星孢分生孢子（上）和分生孢子座（下）

（32）梨黑斑病

病害主要发生在果实上，在叶片和枝梢也可发生。果实病害症状主要出现于成熟期和贮藏期，发病初期病斑呈褐色、圆形，病斑扩大后形成大斑块，外层有黑褐相间的环纹，病斑中央产生黑色霉层和小黑粒点。叶片受害产生圆形或近圆形斑点。枝梢受害产生黑色、椭圆形凹陷病斑。

病原为链格孢（*Alternaria alternata*）。

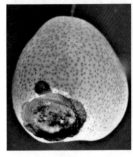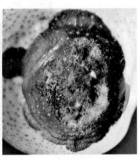

梨黑斑病病果症状　　　梨黑斑病病斑形状　　　链格孢分生孢子和菌丝

（33）枇杷炭疽病

果实、叶片、嫩茎均可受害，以果实受害为主，果实贮运期发病可造成很大损失。果实发病初期产生黄褐色小圆斑，斑点逐渐扩大、凹陷、表面密生黑色霉层和黑色小粒点，湿度大时有淡红色黏稠物（分生孢子），果实腐烂。树上果实发病后腐烂、干缩，成僵果脱落或悬挂于树上。叶片上病斑由叶缘和叶尖发生并向内扩展，病斑边缘深褐色、内层褐色有轮纹、中央灰白色易破碎，病斑上有小黑点。

枇杷炭疽病前期的病果穗　　　枇杷炭疽病后期的病果

病原为胶孢炭疽菌（*Colletotrichum gloeosporioides*）。

（34）枇杷疮痂病

果实、嫩茎、叶片均可受害。受害果表皮产生褐色粗糙锈斑，病斑也可相互联结形成连片绒状褐色斑块。

病原为枇杷黑星孢（*Fusicladium eriobotryae*）。

枇杷疮痂病症状

（35）枇杷灰斑病

病害主要发生在叶片上。病斑初呈黄色褪绿小点，扩大后逐渐变为浅褐色、褐色至灰白色，散生小黑点。病斑边缘深褐色、病健界线清楚，单个病斑近圆形，多个病斑联结形成大斑块。病害严重时导致落叶。

病原为枇杷叶拟盘多毛孢（*Pestalotiopsis eriobotryfolia*）。

枇杷灰斑病症状

（36）枇杷斑点病

病害发生在叶片上。病斑圆形、灰白色，上生小黑点（分生孢子器）。叶片上病斑可密集产生，数个病斑联结形成不规则大斑块。

病原为枇杷叶点霉（*Phyllosticta eriobotryae*）。

枇杷斑点病症状

（37）枇杷胡麻斑病

叶片和果实均可受害。果实上病斑近圆形至椭圆形，深褐色，病斑密集合成大斑块。叶片上病斑圆形、椭圆形，褐色，边缘有黄色晕圈。病斑密集连片引起叶枯。

病原为枇杷虫形孢（*Entomosporium eriobotryae*）。

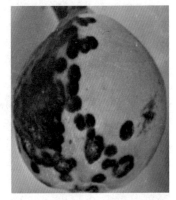

枇杷胡麻斑病病果

（38）枇杷黑星病

果实受害，初期病斑为黑褐色小点，后逐渐扩大呈圆形或近圆形和不规则形病斑，病斑黑色凹陷，中部稍有木栓化凸起和开裂，产生黑色霉状物。

病原为枝孢菌（*Cladosporium* sp.）。

枇杷黑星病病果上的病斑形态

（39）枇杷黑斑病

叶片和果实均可受害。新叶先从叶尖和叶缘发病，呈水渍状暗黑色枯死。果实上病斑近圆形，初呈黄褐色，后渐转为褐色腐烂，后期病斑上产生灰白色霉和黑色粉层。

病原为链格孢菌（*Alternaria* sp.）。

枇杷黑斑病病果和病叶

（40）枇杷斑枯病

病害主要发生在叶片上，病菌可从叶面、叶尖和叶缘侵染，引起斑点和叶枯。从叶面侵染病斑近圆形，褐色，上生小黑点，边缘颜色较深、

枇杷斑枯病症状

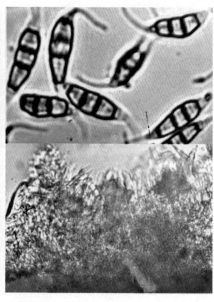

盘单毛孢分生孢子（上）和分生孢子盘（下）

稍隆起。从叶尖或叶缘侵染，病斑呈半圆形，随后向叶面呈纵横扩展，病斑密集合成大片斑块而引起叶枯，病斑外缘有轮纹。该病与灰斑病主要区别是病斑褐色、散生于叶面；灰斑病病斑后期灰白色，多形成于叶缘和叶尖。

病原为盘单毛孢（*Monochaetia* sp.）。

（41）葡萄炭疽病

果实、果枝、花穗、嫩梢、叶片均可发病。果实发病一般在转色成熟期才表现症状，因此该病又称"晚腐病"。病斑多发生于果实中下部，初期为近圆形水渍状浅褐色或紫色小斑点，后逐渐扩大，甚至达到半个至整个果面，深褐色或黑色。果皮腐烂凹陷，边缘皱缩呈轮纹状，病健交界处僵硬。潮湿条件下病斑上产生轮纹状排列的橘红色黏质物或小黑粒。数个病斑连成一片引起果实腐烂，腐烂果易脱落。花穗期感染引起花穗变黑腐烂。果枝、穗轴、叶柄、嫩梢受害，产生深褐色椭圆形或不规则短条状病斑；叶上产生圆形或近圆形病斑；病斑上都能产生橘红色黏质物或小黑粒。

病原有胶孢炭疽菌（*Colletotrichum gloeosporioides*）和葡萄刺盘孢（*C. ampelinum*）。

葡萄炭疽病病果穗（左）与病果（右）

（42）葡萄黑痘病

幼果、新梢、新叶等幼嫩绿色部位均可受害。果实病斑初期为圆形褐色小斑，后逐渐扩大直径达 2~5 毫米，中央凹陷、灰白色，外圈为深褐色，边缘为紫褐色；病斑形状如小鸟的眼睛，此病又俗称为"鸟眼病"。空气潮湿时病斑上产生乳白色黏质物，病斑仅限于果皮，不侵入果肉。叶片上病斑与果实病斑相似，干燥时病斑中央破裂穿孔。叶脉上病斑呈梭形凹陷，引起叶片扭曲皱缩。穗轴发病引起幼果干枯脱落或僵化。新梢、蔓、卷须发病，病斑呈褐色至黑色，边缘深褐色，中部凹陷开裂。

病原为葡萄痂圆孢（*Sphaceloma ampelimum*）。

葡萄黑痘病症状　　　　　　　葡萄黑痘病病叶

（43）葡萄房枯病

病害发生在果实、穗轴和果梗上，偶尔在叶片上也会发生。果实上病斑暗褐色至紫褐色，表面有黑色小点；病果腐烂后形成僵果残存于植株上，不脱落。穗轴上病斑形成于近果粒的部位，圆形或近圆形、暗褐色至灰黑色，稍凹陷，部分穗轴干枯，果粒发育不良，果面皱缩和形成僵果。叶片上病斑为圆形、灰白色，上生小黑点。

病原菌为葡萄囊孢壳（*Physalospora baccae*）。

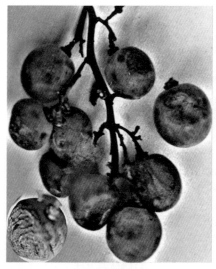

葡萄房枯病病果

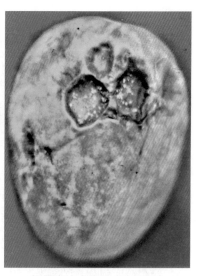

橄榄炭疽病病果（青果期）

44. 橄榄炭疽病

病害发生在橄榄果实上，造成落果和果实腐烂。初期病斑略凹陷，淡褐色，圆形或近圆形；后期病斑凹陷、褐色至黑色，边缘稍隆起；病斑上生小黑点，潮湿时产生黄色至淡红色黏质物。数个病斑可相互联结形成斑块，病组织可扩展到果肉，引起果实腐烂，腐烂果肉呈褐色。

病原为胶孢炭疽菌（*Colletotrichum gloeosporioides*）。

（45）橄榄灰斑病

病害发生在橄榄果实上，造成落果和果实腐烂。果实病斑表面凹陷，圆形或不规则形，暗灰色至深灰色，边缘稍隆起；后期病斑上生小黑点，潮湿时产生黑色黏粒；有时数个病斑可相互联结形成大斑

橄榄灰斑病病果

块，病组织内部果肉腐烂。

病原为拟盘多毛孢（*Pestalotiopsis* sp.）。

> 橄榄灰斑病与橄榄炭疽病的主要区别：灰斑病病斑暗灰色、凹陷，小粒点散生，产生黑色黏质物；炭疽病病斑暗褐色至黑色、凹陷，小粒点密生、产生黄色至淡红色黏质物。

（46）橄榄枝枯病

病害发生在新梢和细嫩枝条上，在枝条上形成水渍状、黑褐色长椭圆形病斑，表皮下密生黑色小粒点；病斑后期呈黑色、隆起、开裂，露出成堆的黑色粒点（子囊座）。枝条上病斑密集，枝条枯死。

病原为黑团壳（*Massaria* sp.）。

橄榄枝枯病症状

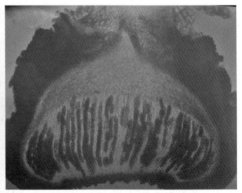

黑团壳子囊壳、子囊和子囊孢子

（47）橄榄枝干溃疡病

病害发生在橄榄主枝和侧枝上，病菌从自然孔口或细微伤口侵染。病斑初期呈暗褐色、不规则形，随后转变为黑色，表皮稍隆起和破裂腐烂，破裂处暴露出成堆的黑色粒点（子囊座）。病斑扩大和密集联结，引起枝枯和梢枯。

病原为葡萄座腔菌（*Botryosphaeria* sp.）。

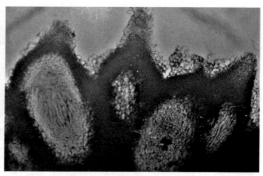

橄榄枝干溃疡病症状　　　　　葡萄座腔菌子囊座及子囊

（48）番石榴炭疽病

果实、枝条和叶片均可受害，以侵染成熟果实为主，也是果实贮运期的重要病害。果实上病斑初期为黄色至淡褐色、凹陷、圆形或近圆形小斑，后逐渐扩大形成大型病斑。典型病斑圆形至近圆形，中部凹陷边缘隆起，外圈呈黄褐色、中央黑色，有轮状排列的小黑点，潮湿时有橘红色黏质物。病组织可深入到果肉引起果实腐烂。

病原为胶孢炭疽菌（*Colletotrichum gloeosporioides*）。

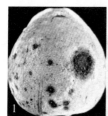
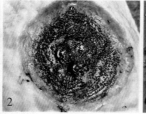

番石榴炭疽病症状和病原

1. 病果；2. 病斑上密生分生孢子盘；3. 胶孢炭疽菌分生孢子盘

（49）番石榴褐斑病

病害发生于叶片和果实。叶片病斑多数产生于叶尖和叶缘，半圆形或不规则形，灰白色或灰褐色，边缘深褐色。果实发病时病斑圆形或近圆形、淡褐色至褐色、边缘稍隆起，病斑表面有细微轮纹，散生小黑点。病害可扩展和深入到果肉，引起果实腐烂。

病原为广布拟盘多毛孢（*Pestalotiopsis disseminatum*）。

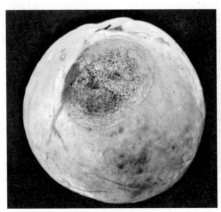

番石榴褐斑病病果

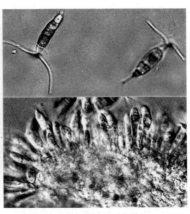

广布拟盘多毛孢分生孢子（上）及
分生孢子盘（下）

番石榴褐斑病与番石榴炭疽病的主要区别：褐斑病病斑淡褐色、表面较平整，小粒点（分生孢子盘）散生；炭疽病病斑褐色，表面稍凹陷、边缘隆起，小粒点（分生孢子盘）密生、轮状排列。

（50）杧果炭疽病

果实、枝梢、花穗和叶片均可受害，以侵染果实为主。果实上病斑初期为深褐至黑色小圆斑，逐渐扩大形成黑色或褐色圆形大病斑，有些病斑中心有一小圆点，后期病斑上产生轮状排列的小黑点，潮湿时有橘红色黏质物。病斑扩大后数个病斑可相互联结形成大斑块，引起全果变黑腐烂。

病原为胶孢炭疽菌（*Colletotrichum gloeosporioides*）。

（51）杧果疮痂病

病害主要发生在果实上，初期果皮上出现黑褐色木栓化小斑点，随后病斑逐渐

杧果炭疽病病果

增大并集结成斑块，表面粗糙，严重时果皮龟裂。

病原为杧果痂圆孢（*Sphaceloma mangiferae*）。

（52）杧果黑星病

果实、叶片和新梢均可受害。果实上发病初期呈现暗褐色圆斑，随后病斑扩大并相互联结成斑块，病斑中央深褐色至黑色，边缘褐色。叶片受侵染后，叶面散生不规则形的褐色斑点，数个病斑相互联结形成大面积枯死斑块。

杧果疮痂病症状

病原为黑星孢（*Fusicladium* sp.）。

杧果黑星病病果

杧果黑星病病叶

（53）杧果叶枯病

病害发生在叶片和枝条上。叶片受害，病斑近圆形，沿叶缘附近病斑密集，病斑大量形成时造成叶枯。受害枝条病部初期呈暗褐色，随后转为褐色至深灰色，枝条枯死。

病原为黑盘孢（*Melanconium* sp.）。

（54）杧果拟茎点霉叶斑病

病害发生在杧果幼叶上。病斑初期为褐色小斑，后期扩展为大的褐色病斑。病斑在叶片一侧形成时抑制叶片生长，引起叶片向一侧弯曲。

病原为拟茎点霉（*Phomopsis* sp.）。

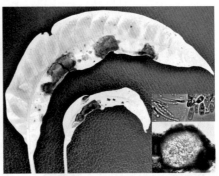

杧果拟茎点霉叶斑病病叶和病原　　杧果叶枯病病叶和病原

（55）杧果细菌性叶斑病

杧果细菌性叶斑病又称杧果黑斑病、角斑病。主要为害叶片，也能为害枝梢及果实。新梢和叶片染病初期出现小黑点，随后扩展为近圆形

杧果细菌性叶斑病症状（病斑初期）　杧果细菌性叶斑病症状（叶片及茎干病斑）

或多角形黑色斑点、四周有黄晕，多个病斑联结成不规则大黑斑。果实染病初期果皮产生细小黑点，后扩展黑褐色溃疡斑。

病原为甘蓝黑腐黄单胞杆菌杧果致病变种（*Xanthomonas campestris* pv. *mangieraeindicae*）。

（56）番木瓜炭疽病

病菌主要侵染果实。果实膨大期、成熟期和贮运期均可发病。病斑初期呈水渍状小点，随后发展为淡褐色凹陷小斑，后期成为大型病斑。病斑中部凹陷，边缘隆起，病斑上有轮纹状排列的黑色小点，潮湿时有橘红色黏质物。数个病斑可连成覆盖果面的大斑块，引起果实腐烂。

病原为胶孢炭疽菌（*Colletotrichum gloeosporioides*）。

番木瓜炭疽病症状

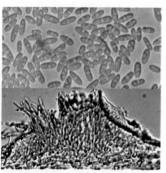

胶孢炭疽菌分生孢子（上）和分生孢子盘（下）

（57）番木瓜黑斑病

病害发生在果实上，病斑初呈近圆形、淡黑色、水渍状；病斑逐渐扩大，转为灰白色，产生黑色霉层，果实腐烂。

病原为链格孢（*Alternaria alternata*）。

（58）板栗灰斑病

病害主要发生在板栗叶片上，先出现黄色褪绿小斑，随后病斑逐渐扩大转为灰白色，上生小黑点。病斑多数发生于叶尖和叶缘，也有分布于叶面，数个病斑联结形成大斑块引起叶枯。

病原为拟盘多毛孢（*Pestalotiopsis* sp.）。

番木瓜黑斑病症状　　　　板栗灰斑病病叶和拟盘多毛孢分生孢子

（59）柿叶枯病

病害发生在叶片上，病斑发生于叶面和叶缘。叶面病斑近圆形或不规则形，褐色。叶缘病斑初期为半圆形，随后向内和向两侧扩展，引起叶组织大面积枯死，枯死斑呈褐色，边缘深褐色，上面散生小黑点。

柿叶枯病病叶和病原

病原为叶点霉（*Phyllosticta* sp.）。

（60）柿褐斑病

病害发生在叶片上。病斑初期为近圆形小褐点、边缘深褐色；随后扩大为不规则形，红褐色，边缘黑褐色，病斑上散生许多小黑点。

病原为双毛壳孢（*Discosia* sp.）。

（61）柿角斑病

病害主要发生在叶片上，也可在果蒂上发生。叶片发病初期在正面出现黄褐色不规则形病斑，随后病斑扩大并受到叶脉限制呈多角形，颜色逐渐转为褐色至黑色；病斑背面为多角形、黑色，病斑正面和背面均可形成黑色霉状小黑点。发病叶片逐渐变为红色，提早落叶。果蒂上病斑呈褐色，边缘黑色，病果蒂下的果肉腐烂引起落果，果蒂残留在树上。发病严重的柿树提早落叶、落果，造成树势衰退和严重减产。

病原为柿尾孢（*Cercospora kaki*）。

柿褐斑病病叶和病原　　　　　　　　柿角斑病病叶症状

（62）猕猴桃霉斑病

病害主要发生在叶片上。最初在叶面产生褐色小点，后逐渐扩大成暗褐色、多角形或不规则坏死斑，叶背产生灰黑色霉层。受害严重时，

猕猴桃霉斑病病叶症状　　　　　　猕猴桃假尾孢分生孢子

叶片焦枯和落叶。果实受害产生凹陷状黑褐色枯斑，茎干上造成裂纹。

病原为猕猴桃假尾孢（*Pseudocercospora actinidia*）。

（63）猕猴桃褐斑病

病害主要发生在叶片上，初期多在叶缘产生近圆形暗绿色水渍状斑，多雨高湿条件下病斑迅速扩展，形成大型圆形或不规则斑，后期病斑中部褐色，周围灰褐色或灰褐相间，边缘深褐色，其上产生许多黑色小粒点（分生孢子器），叶片卷曲破裂，干枯脱落。

病原为叶点霉（*Phyllosticta* sp.）。

猕猴桃褐斑病症状

（64）猕猴桃细菌性溃疡病

病害发生在树干、枝条、嫩梢、叶片及花上。树干和枝条发病后皮层组织变软，隆起，后病部龟裂，发病部位的裂纹、伤口，自然孔口会溢出乳白色黏液（菌脓），与寄主的伤流液混合后呈红褐色或锈红色；剥开皮层可见韧皮部腐烂，木质部黑褐色，病组织下陷呈溃疡状腐烂。嫩枝感病后其上子叶焦枯，卷曲，花蕾萎蔫。叶片发病后先形成红色小点、外缘有不明显的黄色晕圈，斑点扩大后形成不规则或多角形褐色病斑，外缘有明显黄色晕圈。

病原菌为丁香假单胞猕猴桃致病变种（*Pseudomonas syringae* pv. *actinidiae*）。

猕猴桃细菌性溃疡病症状

1. 叶片病斑；2. 枝条病斑；3. 茎皮层腐烂

（65）猕猴桃茎枯病

在茎干的芽和分枝处侵染，初期茎干表皮形成突起小点，逐渐扩大呈纵向梭形突起破裂。后期绕茎产生黑色小点，遇水或雨天分泌琥珀色黏液，表皮变黑腐烂。

病原为囊孢壳属（*Physalospora* sp.）。

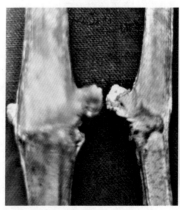

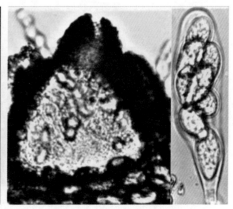

猕猴桃茎枯病症状　　　囊孢壳子囊壳（左）和子囊孢子（右）

（66）西番莲炭疽病

病害发生在茎蔓、叶片和果实上。茎蔓受害初期产生褪绿、水渍状灰白色病斑，随后病斑扩大相互联结，茎蔓呈灰白色腐烂开裂、病部散生小黑粒点，发病部位上方的整条藤蔓萎蔫。果蒂受害初期在果柄上产生褐色病斑，随后病斑扩展，果柄及果蒂呈灰白色坏死，发病部产生小黑点，果实失水皱缩。果实表面产生近圆形病斑，病斑边缘稍隆起，中央初为褐色，后期呈灰褐色，产生小黑点。叶片发病在叶缘或叶面产生半圆形或近圆形病斑，病斑中部灰白色、外层褐色，病斑上有轮纹状排列的黑色小粒点（分生孢子盘）。

病原为炭疽菌（*Colletotrichum* sp.）。

西番莲炭疽病　　西番莲炭疽病坏死茎蔓　　西番莲炭疽病病叶
病茎蔓

西番莲炭疽病病果蒂和病果　　炭疽菌分生孢子和分生孢子盘

（67）西番莲蔓枯病

病害发生在藤蔓上，病害从藤蔓分枝基部开始发生，病组织初期呈水渍状淡褐色，随后整条藤蔓枯死、皮层腐烂，病组织呈灰白色，上面密生小黑粒点（分生孢子器或子囊壳）。病部与健部交界明显，枯死组织边缘呈褐色。

病原为大茎点（*Macrophoma* sp.），有性态为囊孢壳（*Physalospora* sp.）。

西番莲蔓枯病田间症状

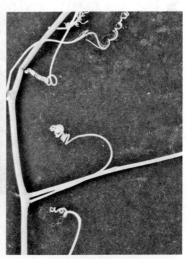

西番莲蔓枯病病藤蔓

患病枯死组织症状

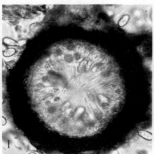

大茎点形态

1. 分生孢子器和分生孢子；2. 囊孢壳子囊壳和子囊

（68）西番莲褐斑病

病害发生在枝蔓或主茎上。发病初期，茎蔓的茎节处出现梭形、长条形或各种不规则形淡褐色斑块，颜色逐渐加深变为深褐色，后期病茎皮层开裂，严重时导致植株枯萎死亡。

病原为细极链格孢（*Alternaria tenuissima*）。

西番莲褐斑病病枝干　　　　　细极链格孢分生孢子梗、分生孢子和菌丝

（69）西番莲溃疡病

叶、枝、果均可受害，主要为害果实。果实上病斑初期为圆形或不规则水渍状小斑，随后病斑扩大形成淡褐色、水渍状、圆形或近圆形斑点，有些病斑形成轮纹状，有些病斑表皮隆起呈泡状。泡状斑逐渐转变成圆形或近圆形隆起、褐色、木栓化、表面有裂纹的疤状溃疡斑。病斑下方的果肉变红色腐烂，病果失去食用价值。果实受害重者落果，轻者不耐贮藏。叶片上病斑初呈黄色油渍状小点，后逐渐扩大为圆形或近圆形、中央灰白色、外层褐色，病斑边缘呈暗色油腻状，有较宽的黄色晕圈；叶斑后期中央枯死组织可能破裂形成穿孔。

病原为地毯草黄单胞西番莲致病变种（*Xanthomonas axonopodis* pv. *passiflorae*）。

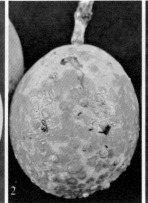

西番莲溃疡病病果

1. 前期；2. 中期；3. 后期

西番莲溃疡病病果　　西番莲溃疡病病果的　　西番莲溃疡病病叶
出现轮纹斑　　　　　　果肉

（70）青枣炭疽病

侵染成熟果实，引起贮藏期病害。果实上病斑初期为淡褐色凹陷小斑，逐渐扩大，潮湿时有橘红色黏质物，后期病斑上密生黑色小点。病斑可扩展至大部分果面，引起果实腐烂。病果果皮皱缩变红。

病原为胶孢炭疽菌（*Colletotrichum gloeosporioides*）。

青枣炭疽病病果

（71）蓝莓枝枯病

蓝莓枝枯病又称蓝莓溃疡病。为害蓝莓幼树主干及侧枝，也能为害叶片。枝干发病初期出现紫红色或暗褐色圆形病斑，病斑环茎部迅速扩展，形成椭圆形或梭形病斑，后期病斑中央灰白色、外层黄褐色，边缘紫红色；多个病斑相联结，枝条皮层大面积坏死腐烂，枝条枯萎，枯死组织上形成小黑点。病菌从分枝基部侵染产生水渍状黑斑、病斑环枝扩展，枝条上部失水萎蔫。叶片发病初期形成针头状褐色小点，随后扩展为圆形或近圆形或不规则形褐色病斑，病斑中央呈灰白色，边缘深褐色，外缘有黄色晕圈。多数病斑联结引起叶片组织大面积枯死，形成叶枯。

病原菌为葡萄座腔菌（*Botryosphaeria dothidea*）。

蓝莓枝枯病病枝干　　　　　蓝莓枝枯病病叶

（72）草莓褐斑病

病害发生在草莓叶片上。发病初期在叶上产生紫红色小斑点，后逐渐扩大形成中央灰白色、散生褐色至黑褐色小粒点，边缘褐色，外围紫色的圆形或近圆形病斑，病部与健部交界明显。病斑产生于叶缘时常扩展成"V"形或"U"形。多个病斑联结时整个叶片变褐枯黄。

草莓褐斑病症状和昏暗树疱霉分生孢子器

病原为昏暗树疱霉（*Dendrophoma obscurans*）。

（73）樱桃黑斑病

病害发生在成熟果实上，也是贮藏期重要的病害。果实上病斑初期呈圆形水渍状凹陷斑，病斑扩大后表面长出白色霉层，白色霉层逐渐转变为墨绿色且密布黑色粒点。

病原为链格孢（*Alternaria alternate*）。

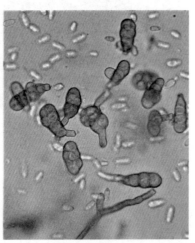

| 樱桃黑斑病病果 | 链格孢分生孢子梗和分生孢子 |

（74）火龙果炭疽病

病害主要发生在茎上，病斑有褐斑型和穿孔型。褐斑型炭疽病初期病斑呈水渍状黄色凹陷，随后病斑表皮形成褐色、圆形或近圆形硬疤，病斑上产生小黑粒点；病斑扩大或多个病斑联结成不规则大型枯斑。穿孔型炭疽病初期病斑呈暗绿色水渍状小斑，随后病斑扩大、表皮灰白色坏死，中央凹陷，病组织腐烂形成穿孔；茎边缘病斑腐烂后形成缺刻。病部与健部交界明显，病组织外缘有暗绿色水渍状线纹。

病原为胶孢炭疽菌（*Colletotrichum gloeosporioides*）。

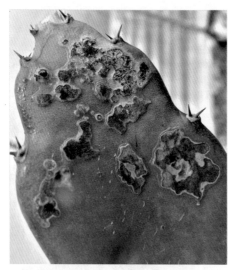

火笼果炭疽病褐斑型症状　　　　火笼果炭疽病穿孔型症状

 **2. 发生规律**

真菌性斑点病和焦枯病的病原菌残留在果园的病叶、病枝条和病果的病组织中越冬，翌年果树抽梢期、开花期和坐果期产生大量分生孢子，田间通过风雨和昆虫传播。病菌可直接侵入或经伤口侵入寄主组织，为害寄主植物的新梢、嫩茎、幼叶和幼果。果园管理不善、虫害严重、感病期雨水多等因素有利斑点病发生。大多数叶片斑点病潜育期都较短，田间可发生多次再侵染。有些果实斑点病潜育期很长，例如柑橘（柚）黑斑病，病菌从幼果表皮侵入后，到了果实近成熟期才暴发；炭疽病菌具有潜伏侵染的特性，病菌在田间青果期就可侵染，以附着孢侵入并以休眠状态潜伏于青果上，待果实成熟采收后才表现症状。

果树细菌性斑点病和焦枯病的病原菌在寄主的病组织内越冬。带菌种子、苗木和接穗是主要侵染来源。田间病害传播可以由昆虫和雨水传播，病原细菌可以通过果树新梢、新叶和幼果的气孔、水孔、皮孔及伤口侵入，引起溃疡病、角斑病等病害。

📖 3. 防治措施

（1）卫生防御，健身栽培

冬季搞好果园清洁卫生，清除和烧毁枯枝落叶等病残体，果树喷洒波尔多液、石硫合剂、多菌灵等杀菌剂消毒，减少越冬菌源。搞好果树修剪、增强通风透光，剪除病、虫、弱枝。加强肥水管理，根据不同果树的营养需求特点进行科学施肥，增强果树抗病能力。

（2）物理防御，无伤采贮

采用果实套袋预防果实斑点病发生。在谢花后幼果期选用合适的杀菌剂喷施于果面，然后套袋保护。套袋可以减少病菌再侵染，有效减轻果实病害，对螨类、蚧类、粉虱、蛀食性害虫都有防治效果。大果型或穗状果型的果树更加适合套袋保护。适时采收，防止过熟。晴天采果，轻采轻放，小心操作避免碰伤果面。加强虫害防治，减少虫伤和虫传病害。

（3）科学用药，适时防治

①真菌性斑点病防治：保梢保叶新梢萌发开始至新叶期隔 15 天喷药连续 2~3 次，保果应在谢花期开始至果实膨大期隔 15 天喷药连续 2 次。可供选用的药剂有多菌灵、甲基硫菌灵、百菌清、代森锰锌、腈菌唑、噻菌灵、苯醚甲环唑等。

②炭疽病防治：按照真菌性斑点病防治适期，选用 50% 咪鲜胺可湿性粉剂 1 000~1 500 倍液或 50 % 咪鲜胺锰盐可湿性粉剂，隔 7~10 天喷 1 次，共喷 2~3 次。

③细菌性斑点病防治：保梢保叶于果树新梢或新叶期，保果在幼果期。选用 72%农用链霉素可溶性粉剂 4 000 倍液、77%氢氧化铜可湿性粉剂 400~500 倍液、20% 噻菌铜悬浮剂 500 倍液，隔 7~10 天喷 1 次，共喷 2~3 次。

（四）腐烂病

果树腐烂病分为果腐病和茎腐病。

果腐病症状主要诊断特征：果实产生水渍状腐烂，真菌引起的果腐在腐烂部形成霉层（菌丝和孢子）或粒状物（菌核）。

茎腐病的症状主要表现为树皮肿胀、腐烂、裂皮、脱皮、流胶，病树枯枝落叶多、果少且小，产量低；严重时导致果树死亡。茎腐病的病原主要是真菌，因此，通常在发病部位能检查到霉状物和粒状物等病原的子实体，且可以通过分离培养得到病原物。

1. 实例

（1）柑橘枝瘤病

病害发生在树干和枝条上。树干和树枝分叉处和结节部形成肿瘤，肿瘤表皮破裂向上翘，肿瘤的皮层有凝结的流胶团，肿瘤木质部肿大凸起。枝瘤大量形成引起树皮变黑开裂，病树长势衰退，枯枝落叶多，易发生落果。

病原有膨大球壳菌（*Sphaeropsis tumefaciens*）和葡萄座腔菌（*Botryosphaeria dothidea*）。

柑橘枝瘤病病株　　　　　　　　柑橘枝瘤病病枝条

枝瘤形状和木质部肿胀　　　　　枝瘤中的胶质物

（2）柑橘（柚）基腐病

柑橘（柚）基腐病又称脚腐病、裙腐病，为害柑橘和柚类果树的根颈病和根系。果树主干近地面的基部受害，环绕树干的树皮腐烂，腐烂组织可向上和向内扩展，深入到形成层和木质部，引起树干腐烂。有些还引起主根和侧根坏死腐烂。腐烂的树皮和组织上可产生菌丝体和子实体。病树叶片黄化，长势衰退，产品产量和品质下降，严重的可导致病树死亡。

病原为疫霉菌（*Phytophthora* sp.）。

柑橘基腐病病株　　　　　　柑橘基腐病病茎基部

（3）柑橘蒂腐病

病菌从果蒂部伤口侵染，环绕果蒂部果皮开展发病，病组织初期呈淡褐色水渍状，随后病斑扩展为黑色，腐烂部产生灰白色霉层或黑色霉层，后期产生小黑粒点。腐烂组织可深入到果实内部，沿果心腐烂至脐部，瓢瓣变色腐烂。

病原有柑橘拟茎点霉（*Phomopsis citri*）引起褐色蒂腐病；蒂腐色二孢(*Diplodia natalensis*)和丝核菌(*Rhizoctonia* sp.)引起黑色蒂腐病。

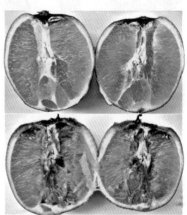

柑橘蒂腐病不同发病期病果病斑　　　　柑橘蒂腐病心腐症状

（4）柑橘赤衣病

病害发生于枝条、果实和叶片。枝条发病初期有少量树脂渗出，

柑橘赤衣病病果和病叶　　柑橘赤衣病病枝条（左为前期症状，右为后期病状）

后期表皮干枯龟裂，表面着生白色蛛网状菌丝层。温度高时菌丝沿枝条和树干上下蔓延，病部转为淡红色，病枝叶片枯黄、凋萎脱落。病果发病表面覆盖白色蛛网状菌丝；叶片发病在叶背产生白色蛛网状菌丝层，后期叶片焦枯。

病原菌为鲑色伏革菌（*Corticium salmonicolor*）。

（5）荔枝酸腐病

果实贮运期病害。果实任何部位都可以发生并扩展至全果，病斑褐色至暗褐色，果肉酸臭和流出酸水。病部有白色絮状物。

病原为白地霉（*Geotrichum candidum*）。

 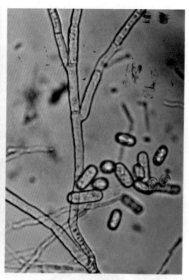

荔枝酸腐病病果　　　　　白地霉分生孢子梗和分生孢子

（6）荔枝白霉病

果实成熟期和贮运期病害。病害多数从果蒂附近的果壳发生，病部初期呈水渍状淡褐色，后转为褐色，病部产生白色霉状物，果肉糜烂，具酸酒味。

病原为帚状柱孢霉（*Cylindroclodium scoparium*）。

荔枝白霉病病果

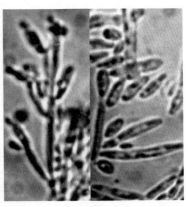

帚状柱孢霉分生孢子梗（左）和分
生孢子（右）

（7）荔枝镰刀菌果腐病

病害发生于果实成熟期和贮运期。果实上发病无特定部位，病部初期呈淡褐色斑块，后逐渐扩展为暗褐色，病果上生有白色霉状物，果肉糜烂，具酸酒味。

病原为镰刀菌（*Fusarium* sp.）。

荔枝镰刀菌果腐病病果

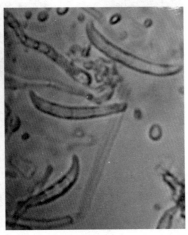

镰刀菌分生孢子

（8）龙眼黑斑病

病害发生于近成熟期果实。果实表面产生黑色、轻微凹陷斑点，病斑密集后果壳产生大块黑斑，病斑上有黑色霉点。病害仅限于果壳，果肉不糜烂。

病原为链格孢（*Alternaria* sp.）。

龙眼黑斑病病果

（9）龙眼菌核果腐病

病害发生于果实贮运期。受害果的果壳表面初期呈水渍状淡褐色，病斑上产生白色霉状物，后期霉层上形成小菌核，果肉酸腐。

病原为小核菌（*Sclerotium* sp.）。

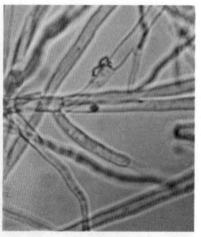

龙眼菌核果腐病病果　　　　　小核菌菌丝

（10）龙眼根霉软腐病

病害发生于贮藏期，病果果壳表面初期呈水渍状淡褐色，病斑上产生白色霉状物，后期转为灰黑色或黑色，果肉酸腐。

病原为根霉（*Rhizopus* sp.）。

龙眼软腐病病果

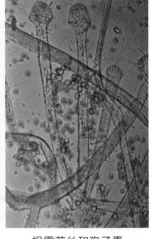

根霉菌丝和孢子囊

（11）龙眼酸腐病

病害发生于贮运期。果壳表面产生白色黏稠物，后期果壳变褐色，果肉酸腐。

病原为酵母菌（*Saccharomyces* sp.）。

（12）橄榄镰刀菌果腐病

病害发生于果实采收贮藏期。果实发病初期呈水渍状淡褐色斑块，后逐渐扩大引起整果腐烂，病果上生有白色霉状物。

病原为镰刀菌（*Fusarium* sp.）。

龙眼酸腐病病果

橄榄镰刀菌果腐病病果

（13）梨白纹羽病

病害在任何树龄的果树都会发生，但以低龄果树为主。发病初期病树与病根相对应的一侧叶片黄化，早期脱落，生长衰退至全株枯死。检查根部可以在细根和根尖上发现白色菌丝体，老根和主根上产生棕褐色菌膜和菌索。根枯死后表皮产生白色菌丝，随后形成黑色菌核和子实体。

病原为褐座坚壳菌（*Rosellinia necatrix*）。

梨白纹羽病衰退症状　　梨白纹羽病茎腐症状　　病茎基部和根系上的白色菌
　　　　　　　　　　　　　　　　　　　　　　　　　丝体

（14）桃（李、棕）褐腐病

桃褐腐病又称灰腐病、菌核病，李和棕也会发生此病。叶片、果枝和枝梢、花和果实都会受害。

新叶受害，自叶尖和叶缘开始产生水渍状褐色病斑，病斑扩大后边缘绿色、中间黄褐色，具不明显的轮纹，后期病叶变褐湿腐萎垂并残留于枝条上。

花器受害，自雄蕊及花瓣尖端开始产生褐色水渍状斑点，后逐渐扩展至全花变褐凋萎。天气潮湿时病花迅速腐烂，表面丛生灰霉；天气干燥时则萎垂干枯而残留于花枝上。

枝条和新梢受害形成溃疡斑。病斑长圆形、灰褐色、中央稍凹陷，边缘紫褐色，发生流胶。当溃疡斑扩展并环绕枝梢后，病斑上部枝梢枯死。气候潮湿时，溃疡斑上出现灰色霉层。

　　果实自幼果至成熟果均可受害，而以近成熟期果实受害较严重。果实发病初期在果面产生淡褐色、圆形或近圆形病斑，病斑在短时间内迅速扩展至全果，引起果肉变褐软腐，烂果表面生出灰褐色绒状霉层，病果腐烂后脱落或迅速失水形成僵果悬挂枝条上。

　　病原有 2 种：①桃褐腐丛梗孢（*Monilinia laxa*），有性态为桃褐腐核盘菌（*Sclerotinia laxa*）；②果生丛梗孢（*M. fructicola*），有性态为果生核盘菌（*S. fructigena*）。

桃褐腐病田间症状

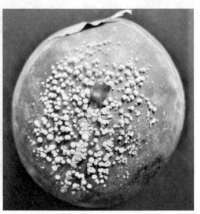

棕褐腐病病果

李褐腐病病果

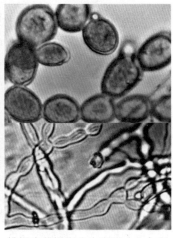

桃褐腐丛梗孢分生孢子（上）和菌丝（下）

（15）桃（棕）膏药病

病害主要发生在枝干上。桃枝条被褐色绒状菌膜（病菌子实体）所包裹，菌膜圆形或不规则，外观呈膏药状紧贴于枝干表面，故名膏药病。菌膜初期呈白色，扩展后边缘为白色，中央为黄褐色，菌膜老化后发生龟裂，容易剥落。膏药病导致树势衰弱，严重时枝条枯死。

病原为茂物隔担耳（*Septobasidium bogoriense*）。

| 桃树膏药病病枝干 | 桃树膏药病病枝条 | 棕树膏药病病枝条 |

（16）桃（棕）流胶病

桃树和棕树均可发生流胶病。病害发生于树干和枝条。发病初期病部树皮肿胀开裂，溢出半透明乳白色树脂，凝结后形成茶褐色，树脂硬

| 桃树流胶病病株 | 桃树流胶病病树干和地面的胶体 |

桃树流胶病症状（树皮肿胀破裂）　　　棕树流胶病症状

化后呈琥珀状胶块。病部皮层变黑腐烂，木质部变褐腐朽，严重时树干和枝条枯死。病树长势衰退，叶片变红，严重树萎蔫。桃（李、棕）流胶病有生理性流胶病和侵染性流胶病。树体受冻害或除草剂药害都会产生生理性流胶；侵染性流胶病在病部散生许多小黑点。

　　侵染性流胶病的病原为葡萄座腔菌（*Botryosphaeria dothidea*）。

　　（17）桃（李、棕）癌肿病

　　桃、李、棕、梨、栗等多种果树都会发生癌肿病，引起树皮溃疡和枝条顶枯。果树生长季节在病树树干和病枝条上树皮隆起形成瘤状物，癌瘤表皮横向开裂露出粉红色垫状物（病菌分生孢子座），秋季还会陆续产生深红色的瘤状物（子囊壳）；严重时癌瘤状物遍及树体表面，树皮变黑溃烂。

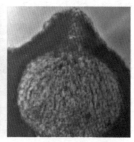

桃树癌肿病症状　　　　棕树癌肿病症状　　　　朱红丛赤壳子囊壳

病原为朱红丛赤壳（*Nectria cinnabarina*），无性态为普通瘤座孢（*Tubercularia vulgaris*）。

（18）桃（李、棕）干腐病

干腐病在桃、李、棕、梨等果树上均有发生。树龄较大的果树主干和侧枝易受害，嫁接伤口处易发病。发病初期病部微肿胀、暗褐色，表皮湿润。病部皮层有黄色黏稠状胶液。病斑长形或不规则，病部一般仅限于皮层，衰老树可以深入到木质部。病部逐渐转变为黑褐色干枯凹陷，并出现较大裂缝。病害后期在发病部位产生大量梭形或近圆形小黑点（病菌子囊座），有时数个小黑点密集在一起并从树皮裂缝中露出。发病树体衰弱，严重时整个侧枝或全树枯死。

病原为葡萄座腔菌（*Botryophaeria dothidea*）。

桃干腐病症状

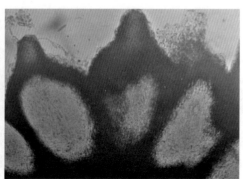

葡萄座腔菌子囊座

（19）桃（李、棕）木腐病

木腐病在桃、李、棕、梨等果树上均有发生。为害树干和枝条心材，导致心材腐朽。病树外部产生病菌的大型子实体，被害树长势衰弱，叶片早落，严重时

桃木腐病症状及病菌子实体

棕木腐病症状及病菌子实体

果树枯死。

病原为多种层孔菌（*Fomes* sp.）。

（20）板栗胴枯病

该病也称为板栗疫病。被害栗树枝干溃烂枯死，树势生长衰退，严重时全株死亡。症状有三个特点：肿胀湿腐、酒糟味、墨色汁液。受害主干和枝条发病初期形成圆形或不规则形水渍状病斑，而后病部呈明显肿皱隆起，内部湿腐，并分泌出具酒糟味的汁液，汁液遇空气氧化呈墨汁状。后期皮层干缩，成溃疡状，树皮内部组织呈橘黄色。在病部长出针头状大

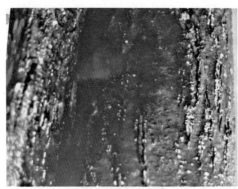

板栗胴枯病病树皮　　　　　板栗胴枯病症状（树皮内部组织）

小的橙色小突起，为病菌的子座和分生孢子器。病树春季萌芽晚、叶片小、黄化、叶缘焦枯，枯死的叶片不易脱落。

病原为寄生内座壳（*Endothia parasitica*）。

（21）板栗裂皮病

板栗茎干、枝条受害引起枝枯，发病部位后期凹陷开裂。

病原为盾壳霉（*Coniothyrium* sp.）。

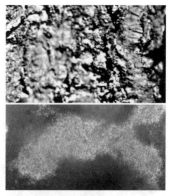

板栗裂皮病症状（上）和盾壳霉分生孢子器（下）

（22）板栗枝枯病

病害发生在板栗树干和枝条上，引起干腐和枝枯病。发病部位形成小瘤状肿大，后期表皮破裂。

病原为栗棒盘孢（*Coryneumkunzeicorda* var. *castaneae*）。

（23）板栗皮腐病

树干和枝条受害，引起树皮腐烂，病部有黑色小粒点。

病原为小球腔菌（*Leptosphaeria* sp.）。

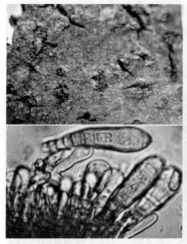

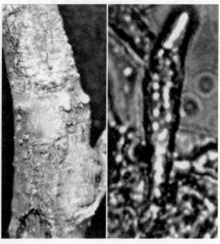

板栗枝枯病症状（上）和栗棒盘孢分生孢子（下）　板栗皮腐病症状（左）及小球腔菌子囊（右）

（24）枇杷茎腐病

树干、枝条、果枝、果梗、果实均可受害。树干和枝条皮层受害产生不规则形斑块，树皮表层开裂上翻、腐烂和脱皮，果枝和果梗变黑；果实受害后，先在果蒂及其周围果皮上产生黑色略呈木栓质的斑块和小斑点。

病原为壳棒孢菌（*Rhabdospora* sp.）。

枇杷茎腐病病树干　　　　枇杷茎腐病病枝、病果（上）和壳棒孢分生孢子器和分生孢子（下）

（25）枇杷皮腐病

病害发生于树干分叉处，病斑不规则并连成斑块，绕树干呈上下扩展。病部树皮变黑腐烂，树皮碎裂脱落。在树皮裂缝处有橘红色小菇蕾状的突状物，为病原真菌的子实体。

病原为黏束孢菌（*Graphium* sp.）。

枇杷皮腐病症状（左）和黏束孢子实体（右）

（26）枇杷白纹羽病

病害发生在果树根颈部和根部上，以低龄果树受害较重。发病初期病树与病根相对应的一侧叶片黄化，早期脱落，生长衰退至全株枯死。根颈部和根部皮层变黑腐烂，腐烂根表皮产生白色菌丝体，根颈部、老根和主根上产生棕褐色菌膜和菌索。

病原为褐座坚壳菌（*Rosellina necatrix*）。

枇杷白纹羽病病株　　　　枇杷白纹羽病病茎基根腐烂

（27）草莓镰刀菌果腐病

果面上产生近圆形褐色病斑，病斑凹陷，上生白色霉层，后期霉层转为粉红色。

病原为镰刀菌（*Fusarium* sp.）。

草莓镰刀菌果腐病病果和镰刀菌分生孢子

（28）猕猴桃黄腐病

病害主要发生于猕猴桃收获期和贮藏期，发病果初期果皮呈暗色，随后形成褐色凹陷。病斑表面不破裂，在凹陷层以内的果肉呈淡黄色。果实后熟期病斑发展成为腐烂斑，在腐烂处有气泡，散发出酒精味。由于病害发生于果实成熟期，病果果肉变黄，俗称为"黄熟腐病"。

病原为拟茎点霉（*Phomopsis* sp.）。

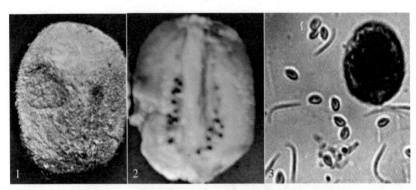

猕猴桃黄腐病症状和病原

1. 病果；2. 病果剖面；3. 拟茎点霉分生孢子和分生孢子器

（29）猕猴桃菌核病

果实受害形成大块褐色水渍状软腐，上生灰褐色霉层。病果不耐贮运，易腐烂。在田间病害经常在两个果实紧邻的接合部位开始发病。

病原为核盘菌（*Sclerotinia sclerotiorum*）。

（30）猕猴桃膏药病

病害发生在枝干上，最初在枝干上形成白色、近圆形或长椭圆形菌丝斑，后扩大，中间渐变为灰褐

猕猴桃菌核病症状

色至深褐色，边缘仍白色，或全部变为深褐色，呈膏药状，病斑可绕茎

扩展为害，受害枝蔓生长逐渐衰弱，严重时引起枝蔓枯死，发生普遍，个别植株受害严重。

病原菌为隔担菌（*Septobasidium* spp.）。

（31）番石榴曲霉心腐病

果实表面病斑凹陷，褐色，近圆形。病斑扩大后造成果实腐烂。剖开果实可见病组织深入至果实心部，造成烂心。腐烂部形成空洞，呈褐色后期转为黑色，形成霉层。

病原为黑曲霉（*Aspergillus niger*）。

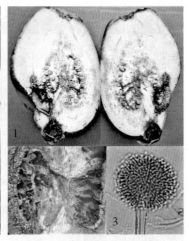

狝猴桃膏药病症状　　　　　番石榴曲霉心腐病症状

1. 病果；2. 病组织中的霉层；3. 黑曲霉菌

（32）果桑白葚病

该病又称果桑断梢病、断枝病。发病果桑新梢基部有大量白桑果（白葚）发生，剥开白葚果皮，可以看见黑色颗粒状菌核；葚柄变褐，与其相邻的叶片变黄。在高湿条件下病葚着生处的新梢基部皮层变褐，产生病斑，病斑绕梢四周扩展形成周斑。若遇强风吹动，新梢则从病斑处折断。

病原为肉阜状杯盘菌（*Ciboria carunculoides*）。

果桑白葚病病果　　　　　　果桑病病果中形成菌核

（33）西番莲果黑腐病

病害发生在近成熟果实上。发病初期在果面产生水渍状淡黄色斑块，斑块逐渐扩大，表面产生白色霉状物，斑块逐渐转为黑色，后期病斑上产生小黑点，病果腐烂。

病原为大茎点（*Macrophoma* sp.）。

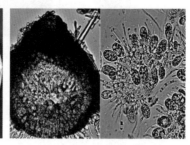

西番莲果黑腐病病果　　　　大茎点分生孢子器（左）和分生孢子（右）

（34）西番莲果褐腐病

病害发生在近成熟果实上。发病初期在果面产生水渍状淡黄色斑块，随后斑块逐渐扩大，表面产生白色霉状物，转为褐色，病斑上密布小黑点，病果皱缩腐烂。

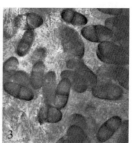

西番莲果褐腐病症状和病原
1~2. 病果；3. 色二孢分生孢子

病原为色二孢（*Diplodia* sp.）。

（35）西番莲镰刀菌果腐病

病害发生在青果期果实上。果面产生黄褐色凹陷病斑，斑块逐渐扩大，表面产生白色霉状物，后期病斑连片逐渐转为深褐色或黑色，病果凹陷皱缩腐烂。

病原为镰刀菌（*Fusarium* sp.）。

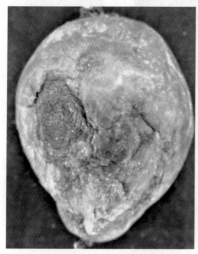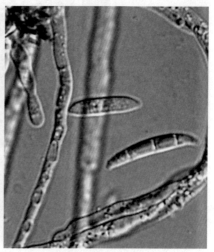

西番莲镰刀菌果腐病病果　　　　　　镰刀菌菌丝和分生孢子

（36）青枣赤衣病

病害发生于茎干、果枝和果实。茎干部发病初期表面着生白色蛛网状菌丝层，后期病部转为淡红色；果枝发病时表面覆盖着白色蛛网状菌丝体，后期菌丝层转为淡红色；果实受害在果面上覆盖白色蛛网状菌丝层，后期枝条枯萎。

病原为鲑色伏革菌（*Corticium salmonicolor*）。

（37）青枣软腐病

病害发生于果实成熟期和贮运期。病果变褐软腐，表面密生灰白色霉层，后期转为黑色，具有酒香味。

病原为根霉（*Rhizopus* sp.）。

（38）火龙果软腐病

病害发生于果实成熟期和贮运期。病果变褐软腐，表面密生灰白色霉层，后期转为黑色，果皮和果肉腐烂。

病原为根霉（*Rhizopus* sp.）。

 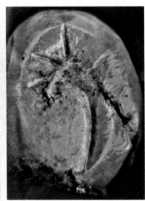 

青枣赤衣病症状　　　青枣软腐病病果　　　火龙果软腐病病果

2. 发生规律

果腐病的病原绝大多数为半知菌类或子囊菌中的兼性寄生菌。病原真菌通常在寄主植物的病组织内存活，广泛存在于土壤中和植物残体上。以子囊孢子或分生孢子为传播体，通过气流传播，经伤口侵染。高温高湿的环境有利病害发生，虫害严重或机械损伤可诱发和加剧病害。

果树茎腐病的病菌主要在病组织内、病株残体上及土壤中越冬，可通过带菌种苗远距离传播，田间通过气流、土壤和水流传播。土壤潮湿、土质黏重、土壤偏酸的果园易发病；施用未充分腐熟的厩肥会诱发和加剧病害。春夏季节雨日多、雨量大、湿度高有利病害发生。疏于修剪管理的果园，植株生势衰弱的果园，特别是老龄树为主的果园，或地势低洼潮湿荫蔽的果园较多发病。

3. 防治措施

（1）清除菌源，加强栽培管理

果实收获后彻底清园，清除病枝病果，减少菌源。增施肥水，增强树势，提高抗病力；搞好修剪，改善通气透光降湿条件。

（2）预防为主，使用健康种苗

严禁从病区调运种子、种苗和接穗，建立无病留种田和无病苗圃。预防果腐病时在果实采收、包装、贮运过程中尽量避免果皮受伤，果园加强虫害防治，贮藏前加强果实检查，剔除病果、伤果。

（3）科学用药，预防与治疗相结合

果腐病选择开花前和谢花后喷施药剂预防病害发生，药剂可选用嘧菌酯、抑霉唑、噻菌灵，这几种杀菌剂具有保护和治疗双重功效。茎腐病防治选择 50% 多菌灵可湿性粉剂 500 倍液、50% 退菌特可湿性粉剂 500 倍液、45% 咪鲜胺乳油 1 500 倍液或 10% 苯醚甲环唑水分散粒剂 2 000~2 500 倍液于发病初期喷施茎部和灌根。

（五）霉粉锈病

此类病害的病征显著，并且以其病征特点命名。主要有白粉病、锈病、灰霉病、青霉病、霜霉病、疫霉病和煤烟病。

白粉菌科（Erysiphaceae）真菌引起的病害通称为白粉病。白粉菌侵染果树的叶、果、花、枝等器官，在病部产生白色粉状物（分生孢子），后期病组织焦枯，产生褐色小粒点（闭囊壳）。病部的白色粉状物是该病的主要诊断特征。

锈菌目（Uredinales）真菌引起的病害通称为锈病。锈菌包括许多属和种，典型的锈菌有5种孢子类型：性孢子、锈孢子、夏孢子、冬孢子和担孢子。锈菌寄生于果树叶片、枝条或果实，在寄主表皮下形成褐色或锈褐色的夏孢子堆和冬孢子堆，孢子堆表皮破裂后散出锈褐色粉末状物。病部的褐色或锈褐色夏孢子堆和冬孢子堆是病害主要诊断特征。

霜霉科（Peronosporaceae）中所有的属和种都是植物的专性寄生菌，引起的病害通称为霜霉病。病菌侵染果树的叶、茎、花、果等器官，叶片发病时叶背面产生白色霜霉状物，相对应的叶面形成多角形或不规则病斑，病斑前期呈黄绿色，后期转变为褐色枯焦。

疫霉属（Phytophthora）真菌引起的病害称疫霉病或疫病。病菌侵染植株的根、叶、茎、果实，引起根腐、果腐、植株枯萎。叶片和果实上病斑黑褐色、水渍状，湿度大时在病斑部可见灰白色霉层。

葡萄孢属（Botrytis）真菌侵染引起的病害通称为灰霉病。此病可以发生于植物的叶、茎、花、果，引起腐烂。灰霉病的诊断特征是在发病部产生灰色霉层，有时还能形成菌核。

青霉属（Penicillium）真菌侵染引起的病害通称为青霉病或绿霉病。此病主要发生于果实，引起果实腐烂，腐烂组织表面产生青绿色霉层。

煤烟病的病原有煤炱、小煤炱、枝孢霉。这些病菌侵染后在植物的叶片和果实表面形成黑色煤烟状霉层。

📑 1. 实例

（1）柑橘青（绿）霉病

青霉病和绿霉病是柑橘果实的重要病害，在贮运期尤其容易发生而造成较大损失。这两种病害在发病初期果皮局部软化，水渍状褪色，轻轻挤压果皮易破裂；随后在病斑表面产生白色霉点，并扩展为圆形的白色霉斑，霉斑中部逐渐转绿，形成青色或绿色粉状物，霉斑外缘形成白色菌丝带。该病发生后迅速引起整个果实呈水渍状腐烂，散发出霉味或芳香味。

青霉病与绿霉病的区别

青霉病霉层为青色、白色菌丝带较窄（1~3毫米），散发霉味；
绿霉病霉层为绿色、白色菌丝带较宽（8~15毫米），散发芳香味。

青霉病的病原为意大利青霉（*Penicillium italicum*），绿霉病病原为指状青霉（*P. digitatum*）。

柑橘青霉病病果

柑橘绿霉病病果

柑橘青霉病症状后期（左）和前期（右）

贮藏期发生的柑橘青霉病

（2）柑橘（柚）煤烟病

病害发生在叶片、枝条和果实上，在植物表面形成煤烟状或薄纸状黑色霉层，后期霉层上着生小黑点。病害阻碍植物的光合作用，影响产品品质。

病原为柑橘煤炱菌（*Capnodium citri*）和刺盾炱菌（*Chaetophyrium spinigerm*）。

柑橘煤烟病病叶

柑橘煤烟病病果

柚煤烟病病叶和病果

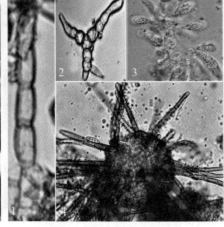

柑橘（柚）煤烟病病原形态

1.柑橘煤炱菌菌丝；2.柑橘煤炱菌分生孢子；3.柑橘煤炱菌子囊孢子；4.刺盾炱菌子囊壳

（3）柑橘小煤炱病

病害发生在叶片和果实上，霉层呈辐射状小霉斑，散生于果面或叶片两面。病害削弱植物的光合作用，降低产品品质。

柑橘小煤炱病与柑橘煤烟病的区别：柑橘小煤炱病霉层呈斑点状不脱落，柑橘煤烟病的霉层呈片状或层状、能脱落。

病原为小煤炱（*Meliola butleri*），病菌为专性寄生菌。

柑橘小煤炱病病叶

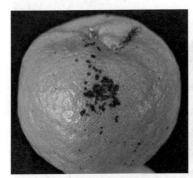

柑橘小煤炱病病果

小煤炱菌丝、子囊壳和子囊孢子

（4）柑橘枝孢霉病

柑橘受粉虱、介壳虫为害，粉虱座壳孢菌寄生于粉虱或介壳虫虫体并产生粉红色子座。枝孢霉重寄生于座壳孢菌子座，形成点状黑色霉层。枝孢霉也以蚜虫、蚧、粉虱等害虫的分泌物为营养营附生生活。霉层密布于叶片，影响植物的光合作用和降低产品品质。

病原为枝孢菌（*Cladosporium* sp.）。

寄生于介壳虫的枝孢霉（黑色）和粉座壳孢菌（粉红色）

（5）柑橘疫霉病

病害发生在果实上。果皮产生大片水渍状黄绿病斑，后期病组织呈黄褐色，表面产生白色霉状物，果实腐烂，落果。病菌也会为害柑橘苗，导致幼苗枯死。

病原为疫霉（*Phytophthora* sp.）。

柑橘疫霉病前期病果

柑橘疫霉病后期病果

柑橘疫霉病田间症状

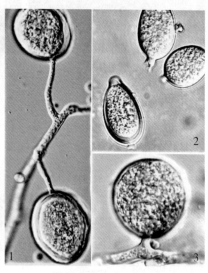

柑橘疫霉病病原形态

1. 疫霉孢囊梗和孢子囊；2. 孢子囊；3. 藏卵器

（6）荔枝霜疫霉病

荔枝霜疫霉病俗称为荔枝霜霉病，是为害荔枝果实的最重要病害。果实生长期和贮运期均可受害，引起大量落果、烂果。果实受害严重，花序、细嫩果枝和花枝也可受害。果实受害，多从果蒂处开始发病，病斑初呈淡黄色、后转为褐色，形状不规则，边缘不明显、潮湿时病部长出灰白色霉层。病斑扩展快，短时间整个果实变褐、果肉糜烂。果柄和小枝发病，产生褐色病斑，病部与健部交界不明显。花穗受害花蕊和花朵呈褐色腐烂，花柄和花枝产生褐色斑块。

病原为荔枝霜疫霉（*Peronophthora litchii*）。

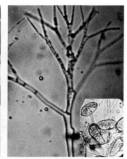

荔枝霜疫霉病病果　　荔枝霜疫霉病病花穗　　荔枝霜疫霉孢囊梗和孢子囊（右下）

（7）荔枝白粉病

病害发生在幼果上，在果蒂处和龟裂片的缝隙中产生白粉状霉层，随后扩展到整个果实，病果色泽差、品质下降。

病原为粉孢（*Oidium* sp.）。

荔枝白粉病病果

（8）荔枝煤烟病

病害发生在叶片上。在叶面形成煤烟状或薄纸状黑色霉层，后期霉层上着生小黑点。病害阻碍植物的光合作用，树势衰弱。

病原为煤炱菌（*Capnodium* sp.）。

荔枝煤烟病病叶

（9）龙眼霜疫霉病

病害发生在花穗、果穗和果实上，引起花腐、果腐和落果。幼果和成熟果均可受害，果实多在果蒂处开始发病，病害初期在果皮上产生黑褐色不规则病斑，随后病斑迅速扩展，整个果皮变黑，果肉腐烂，散发出酒味和酸味，病果表面产生白色霜霉状霉层。果穗主要在幼果期发病，甚至整穗果实发病腐烂和落果。花穗受害时花柄和花枝产生褐色斑块，花蕊和花朵腐烂。

病原为荔枝霜疫霉（*Peronophthora litchii*）。

龙眼霜疫霉病病果穗

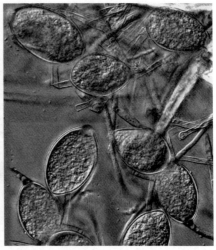

荔枝霜疫霉孢子囊

（10）龙眼煤烟病

病害发生在叶片、枝条和果实上，在植物表面形成薄片状黑色霉层，后期霉层上着生小黑点。病害阻碍植物的光合作用，造成树势衰退，花少果小，成熟果着色不好、品质差。

病原为煤炱菌（*Capnodium* sp.）。

龙眼煤烟病病叶

（11）桃白粉病

病害主要发生在叶片上，多在叶背形成白粉状物。幼叶受害叶面不平整，叶缘向正面或背面翻卷、呈波纹状，叶肉肥厚。病部形成白粉状物。

病原为三指叉丝单囊壳（*Podosphaera tridactyla*），无性态为粉孢菌（*Oidium* sp.）。

桃白粉病病叶

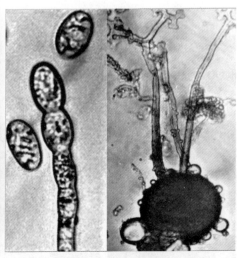

三指叉丝单囊壳分生孢子（左）与闭囊壳（右）

（12）桃（棕）褐锈病

病害发生在叶片上。病叶初期在叶背面表皮下出现圆形褐色或红褐色小疱斑，表皮破裂后散出黄褐色粉末状物。相对的叶面形成褪绿、黄色或橘黄色斑块。病斑密集后叶片枯萎，大量落叶。

病原为刺李疣双孢锈菌（*Tranzscheliapruni-spinosae*）。

  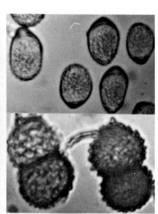

桃褐锈病病叶　　　棕褐锈病病叶　　　刺李疣双孢锈菌夏孢子（上）和冬孢子（下）

（13）桃白霉病

病害发生在叶片上，病斑呈黄色至橘黄色，不规则形，与病斑相对的叶背面产生白色霉层。病斑大量产生时，导致叶片变红、枯焦和落叶。

病原为桃小尾孢（*Cercosporella persicae*）。

  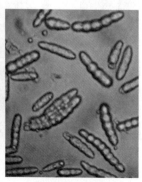

桃白霉病白色霉层（孢子堆）　　桃白霉病病叶病斑　　桃小尾孢分生孢子

（14）桃灰霉病

病害发生在花、果实和枝条上。花受害后，花瓣呈水渍状腐烂，产生灰色霉层。幼果和成熟果均可发病。幼果受害后产生暗绿色水渍状病斑，病斑逐渐扩展引起大面积腐烂，造成落果。成熟果发病，先在果实表面形成黄褐色水渍状病斑，逐渐向全果扩展，引起大面积腐烂，腐烂部产生灰色霉层，后期霉层部可产生黑色块状菌核。枝条受害后皮层肿胀、破裂和流胶。

病原为灰葡萄孢（*Botrytis cinerea*）。

（15）桃（棕）煤烟病

病害发生在叶片和枝条上，在植物表面形成薄片状黑色霉层，后期霉层上着生小黑点；病叶上伴随介壳虫虫体。病害严重阻碍植物的光合作用，造成树势衰退，花少果小。

病原为煤炱菌（*Capnodium* sp.）。

桃灰霉病症状和病原　　　　桃（上）和棕（下）煤烟病病叶

1.健果和病果; 2.病果和病枝条; 3.灰葡萄孢菌

（16）梨锈病

梨锈病是梨树的重要病害，叶片、新梢和果实均可受害。

叶片发病初期在叶正面产生橙黄色、有光泽的小病斑，随后扩大为近圆形的大病斑。病斑中央橙黄色，上生黄色小粒点（性子器）并溢出黄色黏液（性孢子堆），黏液干燥后变为黑色。病斑外层黄色，有黄色晕圈，病斑周围的叶片组织变褐坏死。病斑肥厚，正面稍凹陷、背面隆起，隆起部丛生灰黄色毛状物（锈子器）。病斑后期变为黑色、破裂，病斑多时可以引起叶片扭曲皱缩和提早落叶。

果实受害，病斑形态与叶片病斑相似。病斑稍凹陷，前期产生小黑点（性子器和性孢子堆），后期在同一病斑上产生灰黄色毛状物（锈子器）。病果生长停滞，畸形早落。

新梢、果梗和叶柄受害，症状与病果大体相同。病部稍肿大，病斑上可产生性子器和锈子器。果梗和叶柄受害后引起落叶和落果。新梢受害易引起枯死和折梢。

病原为梨胶孢锈菌（*Gymnosporangium haraeanum*）。

梨锈病症状

梨锈病病叶病斑症状

叶面（上）和叶背（下）

（17）梨煤烟病

病害发生在叶片和枝条上，在植物表面形成薄片状黑色霉层，霉层中伴随介壳虫虫体，后期霉层上着生小黑点。病害严重时可造成树势衰退。

病原为煤炱菌（*Capnodium* sp.）。

（18）梨青霉病

病害发生在梨果实上，是梨果贮运期的重要病害。果实上病斑初期为圆形、褐色、水渍状腐烂，病斑上产生块状霉层，霉层初期为白色、后转变为绿色。腐烂果散生出特殊霉味。

病原为扩展青霉（*Penicillium expansum*）。

 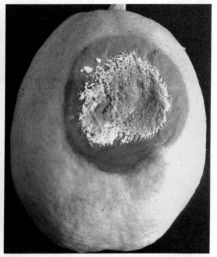

梨煤烟病症状　　　　　　　　梨青霉病症状

（19）橄榄煤烟病

病害发生在叶片、枝条和果实上，在植物表面形成薄片状黑色霉层，霉层中伴随介壳虫虫体，后期霉层上着生小黑点。病害严重时可造成树势衰退，果实发病后失去商品价值。

病原为煤炱菌（*Capnodium* sp.）。

（20）柿煤烟病

病害发生在叶片、枝条和果实上。叶片正面、叶柄、枝条和果面形成薄片状黑色煤烟状霉层。煤烟病造成树势衰退，降低果实产量和品质。

病原为煤炱菌（*Capnodium* sp.）。

橄榄煤烟病病叶、病枝和病果　　　　柿煤烟病症状

（21）板栗锈病

病害发生在板栗叶片上。发病初期，叶背散生淡黄绿色小点，逐渐转变为黄褐色疱状突起（夏孢子堆），后期表皮破裂散出黄色粉状物（夏孢子）；孢子堆相对的叶面为褪绿小点，边缘不规则，后变为黄色或暗褐色，无光泽。秋季落叶前在病斑背面产生蜡质状褐色冬孢子堆。

板栗锈病症状

病原为栗膨痂锈菌（*Pucciniastrum castaneae*）。

（22）葡萄霜霉病

病害发生在叶片、新梢和幼果上。叶片受害，在叶面产生多角形、淡黄色斑块，后期变为红褐色，病斑背面形成白色霜状霉层。受害新梢变得肥厚、弯曲、畸形，病部密布白色霜霉状物。果实在幼果期易感染，染病果变为灰白色，果实软化，后期为黄褐色并干缩脱落。花穗和果穗受害，果小，稀少，穗轴枯死。

病原为葡萄生单轴霉（*Plasmopara viticola*）。

葡萄霜霉病病果穗　　　　　　　　　　葡萄霜霉病症状

1. 病枝蔓；2. 病叶背面；3. 病叶正面

（23）葡萄锈病

葡萄生长后期发病，造成叶片大量枯死落叶，削弱树势，对下个生长季节果树的生长和产量造成影响。叶片背面产生大量黄色小疱斑，疱斑表皮破裂后散出黄色粉状物。叶片正面初呈黄色斑点，后期转为黑褐色。

病原为葡萄层锈菌（*Phakopsora ampelopsidis*）。

（24）葡萄白粉病

病害发生在新片、新梢和幼果上。叶片发病后，在叶面和叶背产生白色粉状霉层，霉层背面的叶组织形成黄白色无明显界线的斑块，严重时叶片干枯死亡；新梢、果穗受害变褐、变脆，枯死；幼果受害后，果面出现白粉状霉层，生长停止，畸形，味酸。

葡萄锈病症状

葡萄白粉病症状

病原为葡萄钩丝壳菌（*Uncinula necator*），无性态为粉孢菌（*Oidium sp.*）。

（25）葡萄灰霉病

病害主要发生在花穗和果实上。花穗和落花后的小果穗易受侵染，受害部初期呈淡褐色、水渍状，随后转变为暗褐色，整个果穗软腐，病穗上出现灰色霉层；晴天时腐烂果穗逐渐失水萎缩，干枯脱落。果实受害，果面呈现褐色凹陷病斑，随后果实腐烂，产生灰色霉层。

病原为灰葡萄孢（*Botrytis cinerea*）。

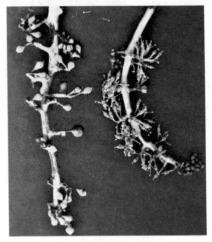

葡萄灰霉病病果穗

（26）草莓疫霉病

病害发生在叶、花、果实和果穗上。叶、花及花序、果穗受害后先出现热水烫伤状，随后迅速变褐死亡。青果受害产生水烫状斑块，病斑逐渐扩大至全果，果实变黑干腐。成熟期果实受害，病部无光泽，呈白色软腐，有臭味。

病原为恶疫霉（*Phytophthora cactorum*）、辣椒疫霉（*P. capsici*）和橘生疫霉（*P. citricola*）。

草莓疫霉病病果

（27）草莓白粉病

病害发生在果实、果梗、叶片、叶柄上。幼果和成熟果均可受害，幼果发病后不能膨大、无光泽和硬化；着色期和成熟期果实发病，果实表面密布白粉状霉层，着色慢且不均匀，果实腐烂。叶片发病，在叶面产生白粉状霉层，叶缘上卷呈汤匙状，焦枯。

病原为草莓斑点单丝壳（*Sphaerotheca macularis* f. sp. *fragariae*），无性态为粉孢菌（*Oidium* sp.）。

草莓白粉病田间症状

草莓白粉病病果

（28）草莓灰霉病

病害主要发生在果实和花穗上，造成果腐和花腐。果实多数从果蒂部位开始发病，也可以发生于果面的其他部位。病果表面呈淡褐色水渍状稍凹陷病斑，病斑扩大后导致果肉软腐、变褐，出现灰色霉层。花穗染病，花瓣褐色干枯脱落，病部出现灰色霉层。

病原为灰葡萄孢（*Botrytis cinerea*）。

草莓灰霉病田间症状　　　　草莓灰霉病症状前期（左）与后期（右）

（29）草莓青霉病

病害发生于果实贮运期。病果表层变白软腐，表面密生灰白色霉层，后期转为青色。

病原为青霉菌（*Penicillium* sp.）。

（30）西番莲疫霉病

病害发生在果实、茎蔓和叶片上。发病初期个别果实出现局部淡褐色烫伤状病斑，后期病斑扩大和相互联结，皮层大面积变软、全果腐烂，病斑表面出现白色菌丝。苗期发病初期在茎、叶上出现水渍状病斑，病斑迅速扩大，导致叶片脱落或整株死亡。成株期发病嫩梢变色枯死，叶片变棕褐色坏死，形成水渍状大斑，病株主蔓可发展形成环绕枝蔓的褐色坏死圈或条状大斑，导致叶片萎蔫、植株枯萎，大量落果。

草莓青霉病病果　　　　　　西番莲疫霉病症状和病原

1.病果；2.烟草疫霉孢子囊；3.烟草疫霉藏卵器

病原物为烟草疫霉（*Phytophthora nicotianae*）。

（31）西番莲煤烟病

病害发生在叶片、藤蔓和果实上，病害初期在植物表面形成黑色霉点，随后扩展为薄片状黑色霉层，霉层中伴随介壳虫虫体，后期霉层上着生小黑点。病害严重时可造成树势衰退，落果；病果失去商品价值。

病原为煤炱菌（*Capnodium* sp.）。

（32）番木瓜白粉病

病害发生在叶片和果实上。叶片受害在叶正面或背面形成白粉状物，后期病叶枯焦，脱落。果实受害病部产生白粉状物，后期果皮变褐色。

病原为粉孢菌（*Oidium* spp.）。

西番莲煤烟病症状　　　　　　番木瓜白粉病症状

（33）青枣白粉病

病害发生在叶片和果实上。叶片受害在叶正面或背面形成白粉状物，病叶小，畸形，脱落。果实受害病部产生白粉状物，后其果皮逐渐变褐。

病原为粉孢菌（*Oidium* sp.）。

青枣白粉病病叶（左）和病果（右）

2. 发生规律

白粉菌为专性寄生菌，以菌丝体或闭囊壳在病组织越冬，可由气流和风雨传播。高温干旱或温暖潮湿闷热的气候易诱发病害发生。果树品种间抗病性有明显差异。

锈菌为专性寄生菌，生活史极其复杂，可单主寄生或转主寄生。例如梨锈病菌以桧柏为转主寄主，在桧柏上形成冬孢子和担孢子；桃锈病菌以白头翁为转主寄主，形成性子器和锈子器。锈菌通常以冬孢子在病组织越冬，气流传播。

霜霉菌、霜疫霉菌和疫霉菌均以卵孢子在病组织越冬。病组织上形成大量孢子囊通过气流或雨滴溅散传播，从寄主植物的表皮或气孔直接侵入。潮湿、冷凉、多雨、多雾的气候环境有利病害发生。

灰霉菌以分生孢子或菌核在病株残体上存活，分生孢子通过气流传播。多雨冷凉的天气和潮湿郁闭的环境易诱发病害。病原菌主要从寄主植物表面的伤口侵入，因此在管理不善、冻害、日灼、机械操作和虫害发生的果园发生较严重。

青霉病主要发生于成熟果实，在果实贮运期发生。病菌有广泛的越冬场所，存在于病残体、空气和土壤中。病菌分生孢子由空气传播和病果接触传播。病菌从果实表面的伤口侵染，虫伤、刺伤、碰伤、压伤都会诱发病害。田间虫害严重，也加剧病害发生。果实采收后立即进行包装贮运，果箱内或果堆中的高温高湿条件也有利病害发生。

煤炱菌、刺盾炱菌和枝孢霉等在病组织上越冬，借风雨传播，以蚜虫、蚧、粉虱等害虫的分泌物为营养营附生生活。因此，蚜虫、蚧、粉虱发生严重的果园，煤烟病也发生严重。小煤炱为专性寄生菌，在病组织上越冬，借风雨传播。

3. 防治措施

（1）清除病源，卫生防御

以上病害的病菌均在病组织上越冬，因此可在冬季剪除病枝、病芽，清除病叶、病果。修剪之后在树上喷施石硫合剂或波尔多液，认真搞好果园卫生，减少病害初侵染源。增施有机肥和磷、钾肥，改善果园水分排灌条件。

（2）科学用药，对症防治

春季从抽梢期开始根据果园往年病害发生情况，选择性喷施杀菌剂。防治时间叶片茎蔓病害以发芽至新叶展开期和开花期前后，果实病害以在开花前和谢花后幼果期。防治白粉病、锈病、小煤烟病、青霉病可选用三唑酮、烯唑醇、丙环唑、腈菌唑、氟菌唑等农药；防治灰霉病可选用嘧霉酮、嘧霉胺、异菌脲、乙烯菌核利等农药；防治霜霉病、疫霉病、霜疫霉病可选用烯酰吗啉水分散剂、甲霜灵可湿性粉剂、霜霉威水剂等农药；防治煤烟病可选用多菌灵、甲基异硫灵等杀菌剂。同时加强对蚜虫、介壳虫和粉虱的防治。

（3）生物技术，物理防治

果树品种对白粉病有明显的抗病性差异，可以选育抗病品种防治白粉病；梨锈病和桃锈病的病菌生活史中具有转主寄生现象，可以通过铲除转主寄主使病菌不能完成其生活史，达到阻断病原菌传播的目的。水果安全贮运有以下几点物理措施。

①预防伤害：在果实采收、包装、贮运过程中尽量避免果皮受伤，贮藏前加强果实检查，剔除病果、伤果。

②适时采收：果实成熟期适时采收，避免过熟，宜晴天采收。

③温度调控：贮前预冷。果实采后包装前放置于低温环境中 2~3 天，降低果面温度和湿度。低温贮藏。贮藏大量水果时可采用冷库低温贮藏或气调贮藏。

④包装防护：内包装采用单果纸包或小塑料袋包装，也可用纸盒或塑料盒分层分格多果包装；外包装根据果品质地、贮运、销售的具体要求，设计外包装。

（六）寄生性和附生性植物

寄生性植物是以其植物体在果树上营半寄生或全寄生生活，可以直接观察寄生性植物体作出诊断。

藻类是具有叶绿素，能进行光合作用，营光能自养型生活的无根茎叶分化、无维管束、无胚的叶状体植物，统称为叶状体。藻类植物在果树上营寄生或附生生活，寄生性藻类寄生在树干或叶片上，引起藻斑病或红锈病。对果树藻害可以直接观察藻叶状体作出诊断。

苔藓是非维管植物中具胚的绿色植物，结构简单，仅包含茎和叶两部分，有时只有扁平的叶状体，没有真正的根和维管束。苔藓在果树上营附生生活，对果树苔藓害可以直接观察其植物体作出诊断。

地衣是真菌和藻类共生的一类特殊植物，无根、茎、叶的分化，该植物体称地衣体。地衣的形态基本上可分为壳状地衣、叶状地衣和枝状地衣。地衣在果树的树皮上营附生生活，主要类型有壳状地衣和叶状地衣。对果树地衣害可以直接观察其地衣体作出诊断。

蕨类植物是一群进化水平最高孢子植物，孢子体有根、茎、叶的分化，有较原始的维管组织，绿色自养或与真菌共生。附生在树干或石上，喜阴湿温暖的环境。果树附生蕨可直接观察其孢子体作出诊断。

1. 实例

（1）果树（枇杷、橄榄、李）桑寄生害

桑寄生是常绿寄生性小灌木，其种子萌发后产生胚根与寄主接触，分泌黏液附着于树皮上，形成盘状的吸盘，吸盘产生轴生吸根钻入寄主树皮并到达木质部，与寄主的导管相连，从寄主体内吸收水分和无机盐，在树枝上形成植株。桑寄生产生根出条在寄主体表延伸，与寄主接触处形成新的吸根钻进树皮内定植，发育为新植株。桑寄生是为害林木果树最严重的病原物之一。受桑寄生为害的果树表现为生长衰弱，被寄生处肿胀，木质部纹理紊乱，形成裂缝或空心，严重时枝条枯死或全株枯死。

病原为桑寄生（*Loranthus parasitica*）。

枇杷树桑寄生（左）、橄榄树桑寄生（中）和李树桑寄生（右）

（2）果树（荔枝、龙眼、番木瓜、柿）藻害

①藻斑病：藻斑病主要发生于成年叶或老叶的叶面，偶尔发生于叶背。藻斑初期呈黄白色，随着病斑中央逐渐老化转为灰绿色至橙黄色；藻斑通常为圆形或近圆形，中央稍隆起，表面呈绒状、不光滑，边缘不整齐。叶片上藻斑形成多时，阻碍叶片光合作用，引起叶片枯黄落叶，影响树势和降低果实产量。

病原为变绿头孢藻（*Cephaleuros virescens*）。

荔枝藻斑（白藻）病（左）和龙眼藻斑（叶藻、褐藻、绿藻）病（右）

②柿红锈病：柿红锈病是由寄生藻引起的一种病害。柿树的茎干、枝条和叶片均可受害。受害部位形成黄褐色斑点，病斑逐渐扩大，形成稍隆起的黄褐色至棕褐色绒状物。叶片受害会提早落叶，影响树势，降低果实产量；枝条和幼茎受害严重枯死。

柿红锈病症状

病原为头孢藻（*Cephaleuros* sp.）。

（3）果树（荔枝、龙眼、橄榄、棕、忙果、蒲桃）苔藓害

苔藓附生于果树树干和枝条表面，以假根伸入树皮内吸收果树的部分水分和养分；苔藓能分泌一些代谢产物分解和破坏树皮，严重影响树体生长。果树如果附生大量苔藓，会影响新梢萌发，引发树体早衰。苔藓具有很强的吸水性，增加湿度有利各种病虫害滋生。

病原为苔藓门（Bryophyta）的绿色植物。

| 荔枝苔藓病症状 | 龙眼苔藓病症状 | 橄榄苔藓病症状 |

| 榄苔藓病症状 | 杧果苔藓病症状 | 蒲桃苔藓病症状 |

（4）果树（龙眼、荔枝、柑橘、桃）地衣害

地衣是真菌和藻类的共生体。地衣以青绿色或灰绿色的地衣体附生于果树树干和枝条上，以菌丝穿入树皮吸收水分和无机盐。地衣大量附生于果树树干和枝条上，会削弱树体的呼吸作用和光合作用，影响新梢萌发，使树体提早衰老。

病原有文字衣（*Graphis* sp.）和梅衣（*Parmelia* sp.）。

荔枝树地衣病症状　　　　　　　　龙眼树地衣病症状

柑橘树地衣病症状（树枯萎）　桃树地衣病症状　　橄榄树地衣病症状

（5）果树（杧果、龙眼）蕨害

蕨类植物附生于果树树干上，螺旋状攀缘，从树皮中吸收水分和无机盐。蕨根分泌的代谢产物对树皮有腐蚀和破坏作用。

病原主要有槲蕨（*Drynaria roosii*）。

杧果树干上的槲蕨　　　龙眼树干上的槲蕨　　　槲蕨的形态

2. 发生规律

桑寄生在鸟类活动频繁的果园发生较严重。桑寄生植物大多于秋冬季节形成鲜艳的浆果，招引各种鸟类啄食，种子随粪便排出并黏附于果树枝条上，长出胚根侵入寄主。

藻类、苔藓、地衣、附生蕨适宜在温暖潮湿和雨水多的气候条件下侵染、生长和繁殖。栽培管理不善，土壤贫瘠，杂草丛生，地势低洼，阴湿和过度密植，通风透光不良的果园，果树易受侵染，发病较重。树龄较大的果树，生长较衰弱，树皮较粗糙，有利苔藓、地衣和附生蕨的生长，因此老果园受害严重。

3. 防治措施

（1）人工砍除

桑寄生的防治采用人工砍除病枝，清除根出条和吸根。

（2）生态防治

藻类、苔藓和地衣的防治主要是改进栽培管理，合理密植和搞好果树修剪，增加通风透光；增施肥料，增强树体的活力尤其重要。

（3）化学防治

波尔多液、石硫合剂、86.2%氧化亚铜可湿性粉剂、14%络氨铜水剂、77%氢氧化铜干悬浮剂、10%二硫氰基甲烷乳油等农药可用于藻类、苔藓和地衣的防治。桃、李等蔷薇科果树慎用铜制剂。

（七）气候病

气候因素中的温、光、水、气对果树生长有重要影响，这些因素一旦不能满足或不适合果树生长的需求，就会阻碍或破坏果树生长，此类病害统称为气候性病害。果树气候性病害主要有热害和冻害。热害表现的主要类型是日灼，这是由于高温和阳光对果树叶片及果实造成的灼伤。日灼症状表现为向阳面的果实表皮或叶片表面形成褪绿和黄化的坏死斑块。果树冻害会出现叶片黄化、凋萎，芽枯、顶枯，流胶，果实不能发育成熟。

📑 1. 实例

（1）日灼症

①香蕉日灼症：香蕉果实、果穗轴、中脉和叶肉均可发生日灼。果穗轴向阳面产生红褐色焦灼斑块，果指顶端及向阳面形成褐色斑块、轻微木栓化开裂。叶片的中脉及相邻的叶肉组织呈黄色至褐色焦枯。

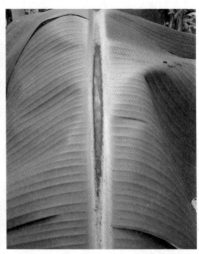

香蕉日灼症症状（果穗轴和果指顶端焦黄）　香蕉日灼症症状（叶片主脉焦黄）

②柑橘（柚）日灼症：该病为高温烈日暴晒引起的生理性病害。果实受害部在向阳面，果皮呈黄褐色、近圆形凹陷斑，病斑后期为红褐色，果实逐渐变软、腐烂。病果皮扁平，果实形状不正。果腰部的病斑多数呈黄褐色硬斑。干旱年份发生为害严重，植株生长不良，叶片稀少的果树容易发生果实日灼。日灼果易诱发炭疽病。

柑橘日灼症症状　　　　　　　　柚日灼引发的炭疽病

③猕猴桃日灼症：病害发生在果实上，受害果实向阳面形成不规则形凹陷斑，病斑后期为红褐色，果实逐渐变软、腐烂，甚至脱落。

④青梅日灼症：果实向阳面由于烈日暴晒致使果皮灼伤，受害果皮呈暗红色斑块。

⑤西番莲日灼症：坐果期果棚上缺少叶片遮挡的果实易受阳光暴晒

猕猴桃日灼田间症状　　青梅日灼田间症状　　　西番莲日灼症症状

致使果皮灼伤，受害果皮呈黄褐色。植株生长不良，叶片稀少的果树容易发生果实日灼。

（2）冻害

①香蕉冻害：香蕉是喜温作物，冬季遭受5℃以下持续低温或遇霜冻就会发生冻害。苗期至挂果期的香蕉树都可能受害，受冻害后先从叶片边缘出现水渍状褪绿，而后逐渐转为黄褐色至褐色枯死，严重时全株死亡，枯死的叶片不倒折。

香蕉苗冻害症状　　　　　香蕉树挂果期冻害症状

②橄榄冻害：橄榄为常绿果树，在年平均温度20~22℃、降雨量1 200~1 400毫米的地区生长最适宜。当遭遇持续0℃低温或在-3℃极端低温时，叶片和幼枝均可受不同程度冻害。叶片冻害先出现水渍状褪绿，而后逐渐转为黄褐色至褐色枯死脱落，树冠

橄榄冻害治疗树（左）和未治疗树（右）

部叶片易受冻害；枝条冻害表皮呈水渍状暗色，而后变褐干枯，用刀片刮除皮层在表皮下无绿色。冻害严重时全株死亡。冻害与地形朝向有关，在背风向阳处的果树冻害轻。冻害通常是大面积和短时间发生，与低温关系密切。

③番木瓜冻害：番木瓜喜温热气候，忌霜冻。适宜生长温度为25~

30℃，气温 10℃时生长受抑制，5℃以下见冻害。叶片、茎干和果实均可受冻害，嫩幼叶和生长点对低温更敏感。叶片冻害时呈现水渍状暗绿色，萎蔫下垂、干枯。果实受冻害表皮呈现裂纹，分泌白色胶质物。

番木瓜植株冻害症状

番木瓜果实冻害症状

④西番莲苗冻害：西番莲喜光，喜温暖湿润的气候，不耐寒。西番莲最适宜的生长温度为 20~30℃，西番莲苗期生长温度要保持 20℃左右，8℃以下可能出现寒害，0℃以下可发生冻害。苗期冻害时叶片出现热水烫状的暗黑色斑

西番莲苗冻害症状

块，后期整叶变黑焦枯，苗枯萎死亡。

（3）果树极端气候胁迫症

①桃气候性畸形果：由于花芽分化期受连续高温干旱的极端气候影响，导致花芽分化异常，形成双胞胎、三胞胎，甚至四胞胎、五胞胎的

连体果。

②樱桃气候性畸形果：受连续高温干旱的极端气候影响，导致花芽分化过程中雌蕊原基分化不正常，坐果期产生单柄连体双果，单柄连体三果的畸形果。

水蜜桃畸形果　　　　　　　　　樱桃畸形果

③柚气候性裂果：柚和柑橘裂果病常发生于壮果期。天气久旱之后突遇降雨，果实从脐部开始，沿子房线向果蒂方向纵裂开口，瓤瓣也相应破裂，露出汁胞；也有少量果实沿果腰部位横裂或不规则开裂。果实裂开后黄化或感染病菌而腐烂脱落。

④杨梅气候性裂果：杨梅裂果主要发生于幼果期。暴雨之后遇暴晴，

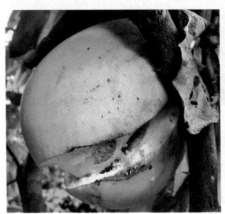

柚气候性裂果　　　　　　　　　杨梅气候性裂果

由于果实水分干湿骤变而导致幼果肉柱横裂或纵裂，严重裂果时果核暴露，外露果核会因失水变褐干枯。裂果易使果实腐烂和落果。

2. 发生规律

果树热害和冷害通常与果树的生长特性有关，一旦发生影响较大。高温与强光相结合常造成果实日灼病，在无防护条件下朝阳面的果树及果实易发生日灼；喜温果树在较低温度下易发生冷害和冻害。极端气候胁迫引起的病害有年度间差异，与果树品种及其生长期有关。

3. 防治措施

（1）加强栽培管理和防护

对日灼和热害主要采取果实套袋或遮阴栽培，加强灌溉，保持土壤湿润；对冷害要采用预防措施，对低矮果树或棚架水果可以采取覆盖薄膜保温。沿海地区要重视风害预防，对浅根果树要固树防风和套袋护果。对极端气候胁迫的预防措施主要是抓好果树生长期的水肥管理。

（2）冻害的恢复性治疗

果树冻害主要是根据气象预报抓好保温防冻。木本果树一旦发生冻害可以实施恢复性治疗：根据冻害程度分级修剪。轻度冻害树，可清除冻害叶片和剪除枯黄枝条；中度冻害树，可从冻害部与健康部交界处（以刮开表皮可见绿色为准）剪除冻害枝条；发生严重果树，应采用修剪和断根。用赤霉素、多菌灵、凡士林按 1∶10∶100 配制成防护膏，在修剪处涂抹保护伤口。抽梢期增施速效氮肥，坐果期增施磷钾肥。

（八）营养缺乏症

营养缺乏症通常称为缺素症。由于土壤中某种营养元素不足或缺乏，引起果树生理代谢失调或生长障碍，植物体内部和外部表现出各种症状，这种病害称之为缺素病。果树缺素症可以在花、果实、叶片、茎枝和根等器官上表现出来。不同元素缺乏会表现出特定的症状，这些症状可以作为诊断依据：缺氮表现为植株矮小，叶薄黄化，根系发育差；缺磷植株生长缓慢，叶色暗绿，无光泽或因花青素积累变紫红色；缺钾一般表现为老叶的叶尖和叶缘变黄枯焦等。缺素症的进一步确诊可通过土壤分析、植株营养分析和生理生化鉴定等方法。

1. 实例

（1）缺锌症

①柑橘缺锌症：新梢及幼嫩叶片叶肉褪绿、斑驳、黄化，叶脉及附近叶肉组织仍为绿色；叶片变小、直立、丛生，叶缘内卷。新梢生长量减少，节间缩短，枝条衰退。果少，果实小。缺锌多数发生于酸性红壤果园。长期种植的果园锌被消耗，如果得不到补充，也会导致缺锌。

②杨梅缺锌症：新梢及幼嫩叶片叶肉褪绿、斑驳、黄化，叶脉及附近叶肉组织仍为绿色；叶片变小、直立、丛生。

③李缺锌症：新梢及幼嫩叶片叶肉褪绿、斑驳、黄化，叶脉及附近叶肉组织仍为绿色；叶片变小、直立、丛生，叶缘内卷。新梢生长量减少，节间缩短，枝条衰退。

柑橘缺锌症病叶　　　　杨梅缺锌症病叶　　　　李缺锌症病叶

（2）缺钙症

①香蕉缺钙症：病株心叶展开前腐烂；幼叶畸形，细长，边缘形成缺刻；老叶叶缘焦枯。病株较矮小，不结果或果小、不可食用，重病株死亡。病株形成的吸芽苗黄化，叶缘变黄焦枯；砍伐后病桩抽出的再生苗仍然发病，新生叶片细长，叶缘多缺刻。

| 香蕉缺钙症病株 | 香蕉缺钙症症状（心叶腐烂） | 香蕉缺钙症再生心叶和吸芽苗症状 |

②枇杷缺钙症：病树新梢少，新叶叶尖和叶缘黄化，叶片窄小畸形、僵硬、展开受阻，叶脉皱缩。顶芽黄化甚至枯死。不开花或花少，果少。根尖坏死，根系衰弱萎缩。

枇杷缺钙症症状
黄梢（左）和黑根（右）

③桃（棕）缺钙症：果实脐部产生褐色圆斑，大小不等，稍凹陷，有时多个病斑相互联结形成褐色斑块。病皮下浅层果肉变褐，呈海绵状腐烂。

桃缺钙症病果　　　　　　　　　棕缺钙症病果

④番石榴缺钙症：番石榴缺钙除了影响根系生长，最重要的是影响果实品质。果实缺钙后导致果实不能均匀膨大、不饱满、畸形、空心或心腐，果肉松软、易腐烂。

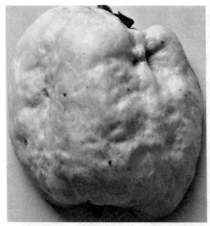 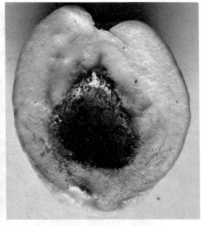

番石榴缺钙症症状（畸形）　　　　番石榴缺钙症症状（心腐）

（3）缺硼症

①柑橘缺硼症：病叶沿中脉两侧生不规则黄斑，随后病斑逐渐向叶缘扩展。主脉和侧脉前期保持绿色，以后逐渐转变为黄褐色、木栓化肿胀隆起。叶肉黄色斑相互联合，导致叶片大面积黄化。病重叶片暗淡无光泽，叶肉肥厚，叶片僵硬，向背面弯曲。病树的果实果皮粗糙裂纹、转黄不均匀，幼果期发生引起大量落果。残留于树上的果实小而坚硬，果皮厚、瘤状，果汁少，种子败育。果实横切面可以观察到白色中果皮和果心充胶。

柑橘树缺硼症症状

柚树缺硼症症状

脐橙树缺硼症症状

芦柑缺硼症症状（果皮有粗糙纹）

柑橘缺硼症症状（果小皮厚瘤状）

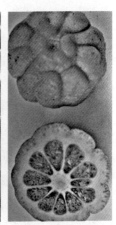
柑橘缺硼症病果

②猕猴桃缺硼症：该病又称猕猴桃褐心病。病果僵硬，发育不良，表皮毛变少呈褐色，无光泽，果实畸形成扁果，或表现为中间凹陷，脐部瘤状突起或开裂，果蒂部形成斜肩等。果实内部病害由果脐开始发生并向内扩展。初侵染果肉呈小褐色点，后逐渐扩大，到后期严重时组织内部消解，呈褐心空心状，无腐烂变味现象。猕猴桃植株缺硼引起的"蔓肿病"，主蔓上粗下细、表皮开裂，坐果稀少；植株上部叶片的叶脉

猕猴桃缺硼症症状
果畸形（上）和褐心（右）

间或叶缘出现浅黄色褪绿斑，受害严重者畸变或引致叶缘焦枯。

（4）缺镁症

①柑橘缺镁症：柑橘缺镁症常发生于酸性红壤土的柑橘园。缺镁症主要表现为叶肉黄化、叶脉绿色；老叶沿主、侧脉两侧渐次黄化，后扩大到全叶为黄色。主脉及其组织仍保持绿色，后期有些叶脉隆起坏死。病树易早衰，坐果少，果小，品质差。

②葡萄缺镁症：缺镁症在南方的葡萄园发生较普遍，症状先

柑橘树缺镁症症状

出现于植株下部的老叶，叶脉间褪绿黄化，黄化部伴有褐色斑点，黄化组织从叶片中央向叶缘发展，最后叶肉组织黄褐坏死焦枯，病叶叶脉仍

保持绿色。葡萄缺镁从果实膨大期才开始显症并逐渐加重，果实尚未成熟便出现大量黄叶，叶片大量焦枯。缺镁导致浆果着色差，成熟期推迟，糖分低，果实品质差。

葡萄缺镁症症状（前期）　　　　　　　葡萄缺镁症症状（后期）

（5）其他缺素症

①草莓缺钾症：老叶叶缘焦枯、叶脉间产生褐色小斑点。

②草莓缺磷症：病株叶片小、叶片呈暗铜绿色，近叶缘的叶面上有紫褐色小斑点，植株生长不良。

草莓缺钾症症状　　　　　　　　　草莓缺磷症症状

③青枣缺锰症：发病植株的枝条和新梢中部叶片开始褪绿、黄化；叶片主脉间的叶肉黄化，近主脉的叶肉和侧脉保持绿色；叶片主脉间的褪绿组织向主脉扩展，出现肋骨状绿带。

青枣缺锰田间症状　　　　　　　　青枣缺锰症病叶

④板栗钾锰失调症：叶肉呈不均匀黄化，叶缘褐色焦枯，叶片稍内卷，落叶严重。树势生长衰退，果实少，产量低。板栗树成片种植后，缺钾和缺锰成为制约产量的重要因子。在石灰性土壤、沙质酸性土壤、水土流失严重的山坡地，板栗容易发生缺钾和缺锰症。

⑤番木瓜缺铁症：叶片发病初期叶脉间叶肉黄化，后期叶肉呈黄白色，叶脉保持绿色；病叶易焦枯。

板栗钾锰失调症症状　　　　　　　番木瓜缺铁症病叶

◼ 2.发生规律

果树营养缺乏症受到多种因素的影响，主要原因是土壤中某种营养元素缺乏或不足。此外，由于环境条件的影响，导致果树不能吸收土壤中含有的某种元素，也可引发缺素症；有机肥施用量减少，化肥中各类营养元素比例失调，甚至果树根系发育不良或根部病害，也会引起果树缺素症。

◼ 3.防治措施

（1）果树缺锌症矫治

①叶面喷施：在春季果树新梢萌发期（3月中下旬）用0.2%硫酸锌加0.2%尿素混合液、0.2%硫酸锌加0.2%硼砂混合液或0.3%硫酸锌加0.3%生石灰混合液喷施于叶面，每隔7天喷1次，共喷2~3次。

②根部施肥：在冬季扩穴时与基肥配合施用，每株施硫酸锌100~150克；在春季新根发生前（抽梢期）在新根发生层施用硫酸锌，每株树施100~150克；硫酸锌可以和有机肥配合施用。

（2）果树缺硼症矫治

①叶面喷施：果树生长季节用0.1%~0.2%的硼砂溶液或持力硼溶液喷施2~3次为宜。

②根部施肥：在春梢萌发前每亩用持力硼200~250克或硼砂500~1 000克沿树冠滴水线挖环形沟施用，施入后覆土即可。

③硼钙叶面肥：缺钙土壤也会诱发缺硼，可采用硼钙同补。在干旱天气，喷施高活性的硼钙叶面肥，后期可以配合磷酸二氢钾的使用。

（3）果树钾锰失调症矫治

①叶面喷施：在春季果树新梢萌发期用0.2%硫酸锰加0.2%磷酸二氢钾混合液喷施于叶面，每隔7天喷1次，共喷2~3次。

②根部施肥：在冬季扩穴时与基肥配合施用，每株施硫酸锰100~150克；在春季新根发生前（抽梢期）在新根发生层施用硫酸锰，每株树施100~150克。最好与钾肥及有机肥配合施用。

（4）果树缺素症矫治

针对果树营养特征和土壤条件科学施肥，是预防缺素症根本方法。果树常见缺素症诊断与矫治参见表 2。

表 2　果树常见缺素症诊断与矫治方法

<table>
<tr><td colspan="4" align="center">诊断</td><td align="center">矫治</td></tr>
<tr>
<td rowspan="6">老叶先显症</td>
<td rowspan="2">无斑点</td>
<td>植株生长不良，由下位叶开始老叶黄化、新叶褪绿</td>
<td>缺氮</td>
<td>傍晚或早晨用 0.2%~0.5% 尿素溶液叶面均匀喷施，7~10 天 1 次，连续 2~3 次。缺氮果园也可每亩施硝酸铵 11 公斤，施后立即灌水</td>
</tr>
<tr>
<td>茎和叶片叶脉之间组织呈紫红色</td>
<td>缺磷</td>
<td>缺磷果园每亩增施过磷酸钙 50~150 公斤作基肥。植株初现缺磷症状时，叶面喷施 0.1%~0.2% 磷酸二氢钾 2~3 次</td>
</tr>
<tr>
<td rowspan="3">有斑点</td>
<td>叶尖和叶缘呈褐色焦枯，有时产生褐色坏死斑，早衰</td>
<td>缺钾</td>
<td>缺钾果园每亩施硫酸钾 6.5 公斤作基肥。也可叶面喷施 0.1%~0.2% 磷酸二氢钾 2~3 次</td>
</tr>
<tr>
<td>新梢小叶簇生，节间短，叶脉两侧褪绿黄化，会产生黄褐色或褐色斑点</td>
<td>缺锌</td>
<td>使用浓度为 0.1%~0.2% 硫酸锌溶液叶面均匀喷施</td>
</tr>
<tr>
<td>叶脉间褪绿黄化，主脉附近组织绿色，叶脉间有褐色或紫红色斑点</td>
<td>缺镁</td>
<td>使用浓度为 1%~2% 硫酸镁溶液叶面均匀喷施，5~7 天 1 次，连续 3~4 次，施用磷肥有助于镁的吸收</td>
</tr>
<tr>
<td rowspan="2">幼嫩组织先显症</td>
<td rowspan="2">顶芽枯死</td>
<td>顶梢生长受抑制，幼叶卷曲、叶缘黄化，叶肉变褐干枯，植株早衰</td>
<td>缺钙</td>
<td>使用浓度为 0.3%~0.5% 氯化钙溶液叶面均匀喷施，5~7 天 1 次，连续 2~3 次，控制氮、钾肥的施用量。缺钙果园可以选用钙镁磷肥、过磷酸钙、硝酸钙按规定用量作基肥</td>
</tr>
<tr>
<td>茎、叶厚脆裂、果小畸形，褐心或心腐</td>
<td>缺硼</td>
<td>使用浓度为 0.1%~0.2% 硼砂溶液叶面均匀喷施，缺硼果园选用持力硼、速乐硼、速溶硼等按规定用量作基肥</td>
</tr>
</table>

续表

诊断			矫治
幼嫩组织先显症	顶芽不枯死	叶脉绿、脉间黄、有杂色斑，组织坏死　缺锰	使用浓度为 0.1%~0.2% 硫酸锰溶液叶面均匀喷施
		新叶叶脉绿、叶肉黄至白，有坏死斑　缺铁	使用浓度为 0.2%~0.5% 硫酸亚铁溶液叶面均匀喷施
		幼叶萎蔫，顶梢簇叶，叶果褪色有白斑　缺铜	使用浓度为 0.01%~0.02% 硫酸铜溶液叶面均匀喷施
		叶小畸形黄褐色，斑点多，叶缘萎蔫　缺钼	使用浓度为 0.05%~0.2% 钼酸铵溶液叶面均匀喷施

（九）中毒症

　　中毒症可分为药害、肥害和污染害。药害是指在果树上使用化学杀菌剂、杀虫剂、杀螨剂、除草剂、土壤消毒剂或生长激素时，因施用方法不当对果树生长生理或细胞组织产生毒害，影响果树的正常生长发育。药害常见的症状有叶片产生坏死斑和枯焦，植株、叶片或果实畸形，果实和叶片脱落，植株生长发育缓慢，叶片黄化、花少、果小、子粒不饱满。肥害是指因肥料施用不当所引起的作物生长缓慢、减产，甚至死亡的生理障碍。肥害常见症状有黄化、枯斑、灼伤斑、黑根、生长停滞。污染害是指空气、水源和土壤污染对果树构成危害，导致生长受阻，影响开花结果。

1. 实例

（1）柚硼中毒症

　　硼过量施用会导致果树硼中毒。主要症状表现为植株生长量减少，叶缘黄褐色、卷曲，变黄白。硼和多种微量元素及农药高浓度混用，也会引起中毒。蜜柚处于花蕾—抽梢期叶面喷施硼、磷酸二氢钾、65% 代森锌、4.5% 高效氯氰菊酯混合液，导致新梢生长受抑制，叶缘焦枯、破裂，产生缺刻和畸形，花器坏死、畸形。

柚硼中毒症病叶

柚硼中毒症病新梢

柚硼中毒症症状（前期）

柚硼中毒症症状（后期）

（2）柚药害

根据使用农药的药剂种类和使用方法，其药害的症状有两类：抑生性药害和坏死性药害。

①生长受抑和畸形：多种农药混合施用常常造成药害。蜜柚春梢期喷施甲基硫菌灵、高效氯氰菊酯、啶虫脒的高浓度混合液，导致新梢生长受抑制，叶片皱缩、组织坏死、叶缘产生缺刻。

②果皮药斑：柚果对某些铜制剂类、锰锌类和矿物油类的农药较敏感，喷施浓度过高，用量过大易灼伤果皮和产生药斑。

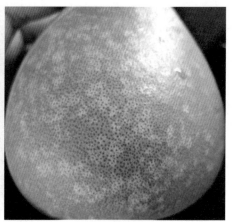

柚农药混用新梢药害症状 柚果皮药害症状

（3）柚激素药害

在幼果期或果实膨大期过量使用芸苔素内酯，或药剂喷施不均匀，引起果实畸形、着色不匀和形成木栓化变色斑点。

（4）柚树草甘膦药害

在柚子和柑橘园使用草甘膦除草剂，由于施用量较大而残留土壤中对果树造成间接的隐性药害。该除草剂具有内吸传导性，残留于土壤中的草甘膦被柚树或柑橘树的根系吸收后在植株体内传导，致使新梢生长受阻或停止生长；新叶新芽生长缓慢，叶色不能正常转绿而黄化，叶片畸形窄长，叶缘向上卷曲。

柚芸苔素药害症状 柚树草甘膦药害田间症状

柚树草甘膦药害症状（新梢生长受阻）　柚树草甘膦药害症状（新叶黄化畸形）

（5）香蕉除草剂药害

果园除草剂对香蕉的药害表现两种症状类型：一是直接药害，除草剂喷施或漂移到香蕉叶片，产生斑点，黄化或焦枯；二是间接药害，过多施用某些除草剂后，残留药剂对香蕉苗造成药害，吸芽苗矮小、细弱，叶片细长，呈花叶状。

香蕉除草剂药害症状（叶枯斑和吸芽苗　香蕉除草剂间接药害症状（条纹
焦枯）　　　　　　　　　　　　花叶）

（6）香蕉果皮药斑

病斑呈污黑色环状产生于果穗上的果指背面，病斑不侵入果肉，但影响果实的外观品质。这是由于在果实膨大期喷洒药液量过多，药液悬挂于果实下方，局部药液浓度过高导致药害。

香蕉果皮药斑症状

（7）荔枝激素药害

荔枝树用2,4-D（2,4-滴丁酯）保花保果，施用不当会造成药害。2,4-D属于苯氧乙酸类激素型选择性除草剂，有较强的内吸传导性，能抑制或促进核酸和蛋白质的合成。使用不当时会致使荔枝树新梢和嫩叶生长受阻，叶缘朝叶背卷曲，叶片向后弯曲形成弓状，叶片畸形影响光合作用正常进行。

（8）龙眼激素药害

青鲜素（MH）又叫抑芽丹，具有抑制细胞分裂、促进枝条成熟等作用。

荔枝2,4-D药害症状　　　　龙眼青鲜素药害症状

龙眼树用青鲜素控梢，施用不当导致龙眼树新梢短小，叶片变小，幼芽卷曲，节间缩短。

（9）龙眼空气污染症

在龙眼产区兴建瓷砖厂，由于大量硫氧化物和氟化物排放造成空气污染，导致大片高产龙眼树不能开花结果，叶片在叶尖和叶缘变黄，焦枯。

龙眼空气污染症症状（大面积龙眼树不能结果）　　龙眼空气污染症病叶（枯黄）

（10）桃树除草剂药害

桃树对除草剂极其敏感，在桃树果园使用草甘膦除草，对桃树生长发育及病害发生影响极大。草甘膦属于灭生性和内吸传导性除草剂，对

桃树除草剂药害病新梢
抑制叶（左）芽（右）生长

桃树根系具杀伤性，抑制新梢生长，降低果实产量。施用草甘膦后桃树流胶病发生严重，导致果树早衰。

桃园长期或过量使用草甘膦除草剂，残留土壤中对果树造成间接药害。症状表现为新梢生长受阻或停止生长；新叶生长缓慢，叶片皱缩、卷曲畸形，新芽生长萎缩、<u>丛生</u>。

（11）梨树药害

梨树盛花期，喷施甲基硫菌灵、高效氯氰菊酯、啶虫脒三种药剂的高浓度混合药液，导致梨花大量中毒，花柄和花朵呈褐色坏死焦枯。有些新叶叶柄出现黄化斑块，叶缘向上翻卷。受害树不结果或结果少。

（12）枇杷过磷酸钙中毒症

枇杷过量施用过磷酸钙会导致肥害。过磷酸钙含有大量的游离酸，连续大量施用，不仅造成土壤酸化，同时导致根系中毒变黑坏死、萎缩、新梢少、生长发育受阻，新叶叶尖黄化、叶缘焦枯。中毒枇杷树生长衰弱，不开花或花少、果少。

梨树药害症状（花中毒坏死）　　枇杷过磷酸钙中毒症症状（新梢黄化叶缘焦枯）

（13）枇杷果套袋中毒症

用肥料袋、废旧报纸自制果袋用于套果，袋上残留的有毒物质对果实造成毒害，导致果皮出现大片褐色坏死斑块，坏死褐斑下方的果肉易变色腐烂。中毒果品外观品质差，无商品价值。

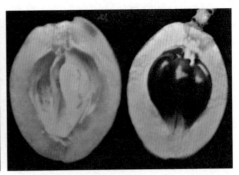

枇杷果套袋中毒症症状（果皮褐色坏死斑）　　枇杷果套袋中毒症症状（果肉变色腐烂）

（14）杨梅多效唑药害

杨梅树施用多效唑主要目的是控梢和调节果树成花数及坐果率，施用多效唑后杨梅可大量开花结果。多效唑对果树根系生长有明显抑制作用，还会抑制杨梅根瘤菌的发生，在土壤中残留期长。如果长期过量使用多效唑，一方面过度消耗杨梅的营养，另一方面土壤中多效唑残留和积累抑制了杨梅根系生长，导致杨梅生长衰退、根系生长受抑制，无根瘤菌，根系萎缩坏死腐烂，最后杨梅枯死。

杨梅多效唑药害症状（病株长势衰退）　　杨梅多效唑药害症状（病株枯萎死亡）

（15）杨梅肉葱病

杨梅肉葱病又称杨梅肉柱赘生病、杨梅肉柱坏死病和杨梅裂果病。

果实的个别肉柱细胞增生，在果实表面形成赘生肉柱或肉柱团块。赘生肉柱在果实转色前形成，后期由于水分和营养供应不足，赘生肉柱易失水变褐死亡。杨梅幼果形成的赘生肉柱绝大多数短、细、尖、呈葱状，少数赘生肉柱长而外凸、呈小花状。

杨梅肉葱病发生的主要原因是滥用植物生长调节剂，也与气候和果树品种有关。杨梅肉葱病多发于多效唑施用过多而树势衰弱的果园。杨梅果实生长期如果遇较长时间的降雨，有利土壤中和树体内残留多效唑的吸收和运转，导致杨梅肉柱赘生。东魁杨梅果实发病重。

杨梅肉葱病症状（前期）　　　　杨梅肉葱病症状（中后期）

（16）柿子乙烯利药害

乙烯利是有多种生理功能的植物生长调节剂，能促进果实成熟、脱落、衰老，诱导雌花形成、抑制顶端优势等。在柿子果实生长期喷施乙烯利，加速了离层形成而导致大量落果，影响产量。

（17）青梅溴菌腈药害

青梅为蔷薇科李属果树，对多种农药敏感，使用不当

柿树乙烯利药害症状（落果）

会造成药害。不同农药造成的药害有不同症状，如喷施乐果可造成大量落叶，有些含溴农药对果实造成药斑。使用溴菌腈防治炭疽病，药液喷施到果实上引起药害，果皮上形成红色药斑。

青梅溴菌腈药害田间症状

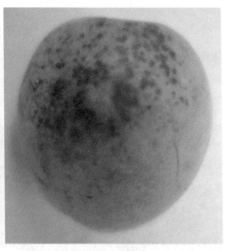

青梅溴菌腈药害病果（红斑）

（18）葡萄波尔多液锈果

波尔多液是一种广谱的保护性杀菌剂，由硫酸铜水溶液和石灰乳混合配制而成。该药剂常用于防治葡萄黑痘病和炭疽病。由于其中的石灰对葡萄易造成伤害，因此用药浓度过高（如等量式或倍量式波尔多液）会造成药害。受害部一般发生在果实中下部，果皮产生粗糙、硬化的锈褐色斑块。

葡萄波尔多液药害症状（锈果）

（19）葡萄除草剂药害

葡萄对草甘膦、百草枯和草胺膦等除草剂极其敏感，在葡萄园施用

葡萄除草剂药害病叶（黄化）　　　葡萄除草剂药害病叶（畸形）

除草剂很容易产生药害。除草剂对葡萄造成直接药害和间接药害。直接药害是除草剂与葡萄植株直接接触产生药害，症状表现为新叶褪绿黄化、产生黄斑、枯斑，新芽枯萎，新梢生长受阻，植株枯死。间接药害是残留于土壤中的药物经根部吸收和传导而产生药害，症状表现为新芽生长萎缩，新叶生长缓慢，叶片皱缩、卷曲畸形。

（20）猕猴桃荔皮果

果实生长期用膨大素等植物生长调节剂喷施或蘸浸幼果造成药害，果皮细胞增生在果面形成一个个小凸起，形似荔枝果实的表皮。果实小、坚硬、畸形。

猕猴桃荔皮果症状

■ 2. 发生规律

每一种化学农药都有其特定的用途和化学特性，不了解各种农药的作用特点而盲目用药，极易造成药害。造成药害的主要原因有：a. 误用农药。未对症用药或施用于敏感作物，易造成药害。b. 农药随意混用。

杀虫杀菌剂混用，多种杀菌剂混用或酸碱性农药混用，均可能造成药害。c. 施药环境不适。喷药时过高或过低温度，均有可能产生药害。d. 过度用药。用药量过大，药剂浓度过高、施药次数过多，均易造成药害。e. 农药残留造成间接药害和隐性药害。f. 肥料种类选用不当，施肥方法不当、施用时期和用量不当，易造成肥害。g. 环境污染造成植物中毒。

3. 防治措施

（1）科学避害

果树上禁止滥用激素农药，必要使用时应掌握合适的施用时间、用药量和使用浓度。选用选择性的除草剂，注意施用量和施药时期。对症用药，不要盲目混配和混用农药，不要随意加大用药量和药液浓度。

（2）套袋保果

对大果和穗状果采用套袋保果，可以明显减少农药用量。应采用标准的果袋，避免果袋引起的毒害。

（3）合理施肥

针对果树的生长特性合理施肥，科学管理。

（4）环境保护

加强环境保护工作，果园应远离污染源，工厂要重视废气处理设施建设。

（十）物理性生长障碍症

物理性生长障碍是指某些物理损伤或物理因素的影响，导致果树生理机能失调，阻碍了果树正常生长发育。症状表现为萎蔫、生长停滞、畸形或组织损伤坏死。此类病害诊断方法以田间诊断为主。

1. 实例

（1）枇杷困根症

有些用编织袋假植的枇杷苗，未将编织袋脱开或割破就直接移栽。这种苗定植当年能正常生长抽梢，2~3 年后由于根系受编织袋限制而无法生长，新根发生受阻，根系老化，失去吸收营养的能力。植株春季无新梢，不开花，树势生长衰退、坐苗不长。矫治此病要及时将根部四周土壤刨开，用镰刀割破编织袋后覆土，浇水和增施肥料，以促进根系发生。

（2）枇杷套袋卷叶

枇杷结果后通常采用套袋来预防病虫害，与果穗相连的叶片由于套袋束缚，生长受抑制而形成皱缩叶。

（3）香蕉鳄鱼皮病

病害可发生于果穗轴、果柄和果皮。果穗轴受害后形成长条形伤斑，

枇杷困根症全株症状（左）根部的编织袋（中）新梢生长停滞（右）

枇杷套袋卷叶症状　　　香蕉鳄鱼皮病田间症状　　　香蕉鳄鱼皮病果穗症状

伤斑前期呈绿色水渍状，后转为黄褐色。果柄受害形成褐色伤痕，有时表皮具裂纹。果皮受害先形成水渍状斑块，后转为黄褐色稍隆起的斑点。斑点中部有横向裂纹，病斑密集相连后形成大面积褐色粗糙斑块，似鳄鱼皮状，因此称鳄鱼皮病。穗轴部病害是抽穗时受到摩擦伤害而引起，果柄和果皮病害是由叶片、苞叶对果皮造成的轻微擦伤而引起，也有因果指间的挤压和摩擦造成。

2. 发生规律

此类病害由于机械损伤或物理因素的影响，导致果树生理机能失调症，属于偶发性和局部性病害，大多数可以通过改善农事操作加以克服。

3. 防治措施

主要通过改善农事操作预防病害发生。如上述病害可以采用改进嫁接技术假植苗脱袋栽培、避叶套袋、整理穗叶等措施预防。

三、果树虫害

（一）蛀食性虫害

蛀食性害虫有鞘翅目昆虫天牛、象甲、叶甲、小蠹；双翅目昆虫瘿蚊、实蝇、潜蝇；鳞翅目昆虫潜叶蛾、细蛾、卷蛾、蛀果蛾、蛀果螟、瘿华蛾；膜翅目昆虫茎蜂、瘿蜂；等翅目昆虫白蚁。这些害虫以幼虫钻蛀果树，按为害部位和为害状不同可分为五种类型。

①蛀干型：天牛、香蕉象甲、小蠹、白蚁等钻蛀果树茎干，导致果树萎蔫和枯死。如香蕉象甲引起香蕉植株萎蔫和枯萎。

②蛀果型：实蝇、蛀果蛾、蛀果螟等幼虫蛀食果实，引起果实腐烂、脱落。

③蛀蕾型：瘿蚊如橘蕾瘿蚊、桃蕾瘿蚊蛀食花蕾，引起花蕾腐烂、脱落。

④蛀梢卷叶型：潜叶蛾、潜叶甲、细蛾、卷蛾、茎蜂等害虫钻蛀新叶、嫩芽、新梢花穗、果实，导致新叶卷缩、脱落，嫩芽和新梢枯死，落花、落果。

⑤蛀茎结瘿型：梨瘿华蛾和板栗瘿蜂幼虫蛀食果树枝茎，会形成虫瘿或瘿瘤。

📕 1. 实例

（1）象甲

主要是香蕉受害。象甲以幼虫蛀食香蕉球茎和假茎，导致香蕉植株黄化、枯萎。为害香蕉的象甲有假茎象甲（*Odoiporus longicollis*）和球茎象甲（*Cosmopolites sordidus*）。

假茎象甲又称长颈象甲、双黑带象甲。假茎象甲幼虫多数在蕉株中段和中段蛀食假茎或叶鞘，幼虫孵化后先在外层叶鞘取食，渐向植株上部中心钻蛀，造成纵横不定的隧道，引起叶片枯黄，叶鞘和假茎腐烂，导致全株枯死。老熟后在外层叶鞘内咬碎纤维，并吐胶质将其缀成一个结实的茧，然后居于茧内化蛹；成虫藏匿于腐烂的叶鞘内侧。

球茎象甲又称根颈象甲。球茎象甲以幼虫钻蛀近地面假茎至地下球茎，叶片卷缩变色，枯叶多、穗梗不能抽出，严重时假茎腐烂直至植株枯死。幼虫老熟后在蛀道内化蛹；成虫藏匿受害假茎最外 1~2 层的叶鞘下，有群聚性。

假茎象甲为害状

假茎象甲蛀孔形状

假茎象甲成虫

球茎象甲为害状

香蕉根颈部的象甲成虫

球茎象甲的蛀道

（2）橘小实蝇

橘小实蝇（*Bactrocera dorsalis*）又名东方果实蝇、东方实蝇、黄苍蝇，以幼虫为害果实。寄主除柑橘类外，还有番石榴、西番莲、枇杷、杨梅、李、椰子、龙眼等 250 多种植物。

橘小实蝇形态

1.成虫；2.成虫羽化；3.蛹；4.预蛹；5.幼虫；6.卵

①柑橘受害：在柑橘果实成熟前为害。成虫将卵产于果皮内，被产卵的果实有针头大小的褐色产卵孔，产卵孔周围果皮变黄色。卵孵化后幼虫潜入果瓤取食，被害果实未熟先黄、腐烂、落果。受害果实易感染青霉病。

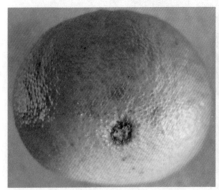

橘小实蝇在柑橘表皮的产卵孔

橘小实蝇在柑橘表皮的产卵孔和产卵痕

②番石榴受害：橘小实蝇成虫在番石榴果实成熟前将卵产于果皮内，果实表面有大小不等的褐色产卵孔和产卵痕，产卵孔周围果皮变红褐色。卵孵化后幼虫潜入果实内取食，被害果实易腐烂落果。

橘小实蝇在番石榴上　　　橘小实蝇在番石榴果皮产卵（左）及产卵状态（右）
为害状

③西番莲受害：橘小实蝇成虫在西番莲果实未成熟前将卵产于果皮下，产卵孔及产卵痕呈褐色小圆点。卵孵化后幼虫蛀食果实表层的果肉，并逐步向果内蛀食。随着幼虫的蛀食，受害部表皮呈水渍状软化，果实变褐、腐烂。

橘小实蝇在西番莲上为害状　　　橘小实蝇在西番莲果实内的为害状

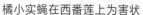

（3）天牛

天牛是鞘翅目（Coleoptera）天牛科（Cerambycidae）的植物钻蛀性害虫，会为害桃、柑橘、苹果、桃、梨等果树。天牛的幼虫蛀食树干和树枝，影响树木的生长发育；成虫取食花粉、嫩树皮、嫩枝、叶、树汁、果实等。

①柑橘受害：星天牛（*Anoplophora chinensis*）幼虫蛀食树干和主根，在皮下蛀食环绕树干后常使整株枯死，并向外排出白色或黄褐色粪屑。成虫啃食枝条嫩皮，食叶成缺刻。光盾绿天牛（*Chelidonium arentatum*）幼虫蛀入枝条，先向梢端蛀食，被害梢随即枯死，然后再由小枝蛀入大枝。成虫取食寄主嫩叶补充营养，卵产于寄主嫩细枝的分叉口或叶柄与嫩枝的分叉口上。

星天牛（左）和光盾绿天牛（右）　　星天牛为害的柑橘树黄化衰退

星天牛在树干表面的蛀孔　　星天牛的蛀道横切面　　星天牛蛀道纵剖面和幼虫

②桃树（李、梨）受害：红颈天牛（*Aromia bungii*）为害桃、李、杏、梨等果树。成虫将卵产于树势衰弱的枝干树皮缝隙中，幼虫孵出后向下蛀食韧皮部，逐渐向下蛀食木质部，在树干中钻蛀形成弯曲无规则的蛀道，在树干蛀孔外和地面上常有大量排出的红褐色粪屑。蛀道内也充塞木屑和虫粪。遭受红颈天牛为害的桃树寿命缩短，树势衰弱，严重者整株枯死。

红颈天牛幼虫和成虫

红颈天牛在李树上的为害状

③板栗受害：云斑天牛和黑星天牛均可为害板栗。

云斑天牛（*Batocera horsfieldi*）成虫啃食枝干树皮和产卵，引起枝枯和树势衰退。主要以幼虫蛀食板栗树干，常导致树干枯死，甚至整个树干断折。

黑星天牛（*Anoplophora leechi*）成虫啃食新枝嫩皮，并在树主干下部产卵，幼虫蛀食主干韧皮部、木质部、髓部，横向蛀道环绕主干后造成栗树死亡。

板栗天牛的蛀孔

（4）桃（梨）小食心虫

桃小食心虫（*Carposina sasakii*）隶属蛀果蛾科（Carposinidae），因此又称桃蛀果蛾。

梨小食心虫（*Grapholitha molesta*）隶属卷蛾科（Tortricidae），又称东方果蛀蛾、折枝蛾。

这两种小食心虫都能为害桃、李、梨、枣等果树。

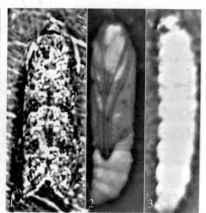

桃小食心虫成虫　　　　　　　梨小食心虫

1.成虫（左）；2.蛹（中）；3.幼虫（右）

①桃树受害：桃小食心虫成虫卵多产于果实的萼洼、果梗与枝条连接处。初孵幼虫在果面爬行，遇到合适部位立即咬破果皮蛀入果内，在果实内钻蛀形成不规则蛀道。被害果实容易落果。

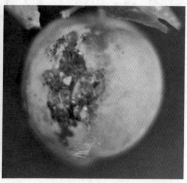

桃小食心虫在桃果实表面的蛀孔　　　梨小食心虫为害桃果实

梨小食心虫：幼虫从果梗洼处蛀入桃果实内，蛀孔外有排出的虫粪。蛀孔周围变粉红色腐烂。幼虫为害桃树嫩梢多从上部叶柄基部蛀入茎干内，蛀孔流胶、有虫粪，被害嫩梢萎垂枯死，俗称"折梢"。

②梨树受害：成虫卵多产果梗与枝条连接处。初孵幼虫在果梗及果脐附近蛀入果实内，蛀孔外有蛀屑和虫粪。蛀孔周围果皮变淡红色。

梨小食心虫为害桃树苗　梨小食心虫为害桃树梢　桃小食心虫蛀食为害梨果实

（5）桃（梨、橄榄）蛀果螟

①桃树和梨树受害：桃蛀螟（*Dichocrocis punctiferalis*）也称桃蛀野螟，幼虫俗称蛀心虫。成虫在桃果柄或两果相贴处产卵，初孵幼虫先

桃蛀螟成虫（上）和幼虫（下）　桃蛀螟为害桃果相贴处

在果梗、果蒂基部吐丝蛀食果皮，然后蛀入果心取食果肉。幼虫可转移为害果实，果面蛀孔有流胶和虫粪黏附，虫伤果易腐烂脱落。老熟幼虫可在果内或在结果枝上及两果相贴处结茧化蛹。

桃蛀螟幼虫从梨果梗或果蒂附近蛀入果内取食果肉，蛀孔外堆集黄褐色透明胶质和虫粪，虫伤果变褐腐烂。

为害梨果的桃蛀螟蛀孔胶质及虫粪　　桃蛀螟为害梨果正从蛀孔里爬出

②橄榄受害：野螟（*Algedonia* sp.）幼虫蛀食橄榄果实，果实膨大期至硬核前受害最严重。初孵幼虫蛀食橄榄果出现深浅不一的蛀孔，幼虫能直接蛀入果实中心和软核期的果核，硬核期幼虫可取食核周围的果肉。幼虫在果

橄榄蛀果野螟的蛀孔　　橄榄果核内的蛀果野螟幼虫

实内造成交错蛀道、充满粪便，致使橄榄果变黑褐腐烂、提早脱落。幼虫可从果实内转移为害枝条，以老熟幼虫或蛹在寄主枯枝上越冬。

（6）荔枝（橄榄）细蛾

①荔枝蒂蛀虫（*Conopomorpha sinesis*）：该虫又称荔枝中华细蛾、荔枝爻纹细蛾。为害荔枝、龙眼的果实、花穗、嫩梢和幼叶。幼虫蛀食膨大期幼果果核，导致落果；果实发育后期果核坚硬，则蛀食果蒂，遗留虫粪，影响果实品质。幼虫钻蛀花穗和新梢的嫩茎顶端和幼叶中脉，导致花穗和新梢顶端枯死、叶片中脉变褐、表皮破裂。

荔枝蒂蛀虫幼虫为害果核

被荔枝蒂蛀虫为害的果核和果肉

荔枝蒂蛀虫为害新梢（干枯破裂）

荔枝蒂蛀虫在叶片上的蛹茧

②荔枝细蛾（*Conopomorpha litchiella*）：该虫又称荔枝尖细蛾。常与荔枝蛀蒂虫混合发生。成虫卵多散产在新梢幼叶中脉两侧，初孵幼虫蛀入寄主表皮取食汁液，高龄幼虫转蛀嫩叶中脉、叶柄、嫩茎髓部等

组织，导致叶尖卷曲干枯或枝梢萎缩。

③橄榄皮细蛾（*Spulerina* sp.）：该虫是橄榄的重要害虫。幼虫潜入果实和嫩茎的皮层组织内取食；受害果表皮组织坏死、皱缩、破裂，易腐烂；枝梢嫩茎受害导致枝梢枯萎。

荔枝细蛾为害枝梢

荔枝细蛾为害叶片

（7）杧果横纹尾夜蛾

杧果横纹尾夜蛾（*Chlumetia transversa*）又称杧果横线尾夜蛾、杧

杧果横纹尾夜蛾成虫（上）和幼虫（下）

杧果横纹尾夜蛾为害状（枯梢）

杜果枝梢的蛀道　　　蛀食中的幼虫　　　杜果横纹尾夜蛾幼虫及蛀
屑虫粪

果钻心虫、杜果蛀梢蛾。幼虫为害叶、嫩梢和花穗。成虫将卵产于叶片、嫩枝和花序上，初孵幼虫先为害嫩梢的叶脉和叶柄，3龄后转害嫩梢和花穗，导致枝梢和花序枯萎。老熟幼虫在枯枝、树皮等处化蛹。

（8）梨象甲

梨象甲（*Rhynchites foveipennis*）又称梨实象虫、梨果象甲、梨象鼻虫、梨虎。成虫食害嫩枝、叶、花和果皮果肉，幼果受害重者常干萎脱落，未落果被害部愈伤呈疮痂疤。成虫产卵前后咬伤产卵果的果柄基部，致使产卵果大多脱落，幼虫于果内蛀食。没脱落的产卵果，幼虫孵化后于果内蛀食导致果实皱缩脱落，不脱落果多数成为凹凸不平的畸形果。

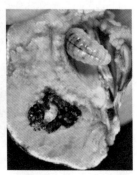

梨象甲成虫　　　梨象甲蛀果中的幼虫　　　落果中的梨象甲幼虫

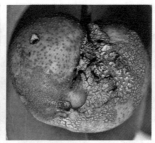

梨象甲幼虫为害梨果　　梨象甲幼虫为害梨果（畸形　　梨象甲成虫为害梨果（疮
（皱缩畸形）　　　　凹凸不平）　　　　痂疤果）

（9）梨堆砂蛀蛾

梨堆砂蛀蛾（*Linoclostis* sp.）幼虫在果树上部枝干分叉处先剥食皮层，后蛀入枝内形成短直虫道，并在虫道外枝干上吐丝将虫粪黏结成虫巢。枝干被害处虫粪黏结成堆，形似堆砂状，因此称为堆砂蛀蛾。

梨堆砂蛀蛾幼虫蛀食状态　　　　梨堆砂蛀蛾虫粪黏结成虫巢

（10）梨瘿华蛾

梨瘿华蛾（*Sinitinea pyrigalla*）幼虫蛀入当年生新梢和嫩枝，被害部逐渐膨大成瘤，幼虫于瘤内纵横蛀食。同一枝梢如果遭受连年为害，虫瘤成串似糖葫芦。影响枝梢发育和树冠形成。

梨瘿华蛾为害状

受梨瘿华蛾为害形成的瘿瘤

梨瘿华蛾幼虫在瘿瘤上的蛀孔

梨瘿华蛾幼虫在瘿瘤内的为害状

（11）梨茎蜂

梨茎蜂（*Janus piri*）又叫梨梢茎蜂、梨茎锯蜂，俗称折梢虫、剪枝虫、剪头虫。梨树初花期，成虫用锯齿状产卵器将嫩梢锯伤，并在伤口处的髓部产卵，锯口以上嫩梢萎蔫下垂，风吹即落，被害部位从上自下

| 梨茎蜂为害梨树嫩梢 | 梨叶上的梨茎蜂成虫 |

慢慢干缩。幼虫孵化后向下蛀食，受害嫩枝渐变黑干枯，内充满虫粪。

（12）柑橘（桃）蕾瘿蚊

①柑橘花蕾蛆（*Contarinia citri*）：该虫又称橘蕾瘿蚊、花蛆，是柑橘花蕾期的重要害虫。柑橘花蕾露白时成虫大量出现并产卵于花蕾内，幼虫在花蕾内食害，受害花蕾黄白色、圆球形灯笼状，花瓣多有绿点，不能开放和不能授粉结果。

柑橘花蕾蛆为害柑橘花蕾（左）和花蕾中的幼虫（右）

②桃花蕾蛆（*Dasineura sp.*）：该虫又称桃蕾瘿蚊。成虫将卵产于花蕾萼片内侧，初孵幼虫锉伤与萼片相连的花瓣组织并吸食汁液，被害处呈弯曲条形伤斑。随后幼虫从花瓣基部间隙侵入花蕾内部，为害雌蕊和雄蕊。一个花蕾中有多条幼虫群集为害，被害花蕾不能开放，花瓣从内到外逐渐枯萎脱落。老熟幼虫从受害花蕾基部爬出，暂时歇栖在嫩枝嫩芽上或落入土中结茧化蛹。

桃花蕾蛆为害花蕾（不能开花）

桃芽上的桃花蕾蛆末龄幼虫

③橘实蕾瘿蚊（*Resseliella citrifrugis*）：该虫又称柚果瘿蚊、柚实蕾瘿蚊，果农称为红蛆、红虫子。幼虫蛀食柚果白皮层（即中果皮海绵层）及中心柱，造成柚果腐烂。后期蛀孔呈褐色或黑褐色，有流胶，内部组织坏死，被害果实未熟先黄。橘实蕾瘿蚊发生的果园，柚果从幼果期至采果前大量脱落，严重影响产量和贮藏保鲜质量。

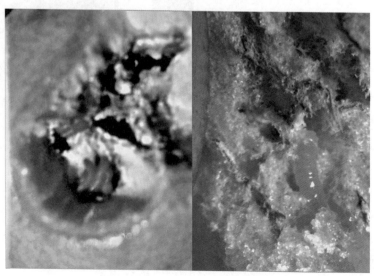
橘实蕾瘿蚊幼虫蛀食柚果皮海绵层

（13）柑橘（桃）潜叶蛾

①柑橘潜叶蛾（*Phyllocnistis citrella*）：成虫将卵散产于柑橘嫩叶背面主脉两侧。幼虫为害新梢嫩叶，潜入叶表皮下取食叶肉，叶表皮隆起、形成银白色弯曲的蛀道。内留有虫粪，在中央形成一条黑线，由于蛀道蜿蜒曲折，导致新叶卷缩、硬化，叶片脱落。4龄幼虫取食少或停止取食，该虫以老龄幼虫和蛹在柑橘树的秋梢和冬梢上越冬。

柑橘潜叶蛾为害状　　　　　柑橘潜叶蛾幼虫

②桃潜叶蛾（*Lyonetia clerkella*）：该虫能为害桃、杏、李、樱桃、苹果、梨等果树。成虫在桃树展叶时产卵于叶片下表皮内，幼虫潜入叶肉组织为害，造成弯曲蛀道，被害处表皮发白，严重时叶片枯黄，提前落叶。

桃潜叶蛾幼虫为害状

（.14）柑橘潜叶甲

柑橘潜叶甲（*Podagricomela nigricollis*）又称橘潜斧、橘潜叶虫。成虫于叶背面取食叶肉和嫩芽，仅留叶面表皮，被害叶上多透明斑，卵产于嫩叶叶背或叶缘上。幼虫孵化后，即钻孔潜入叶组织内蛀食叶肉，使叶片上出现宽短的亮泡蛀道，新鲜的蛀道中央有幼虫排泄物所形成的一条黑线。成虫和幼虫为害的叶片不久便萎黄脱落，受害严重的全株叶片脱落。幼虫老熟后随叶片落下，咬孔外出，在树干周围松土中作蛹室化蛹。

 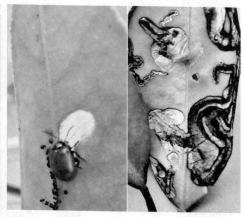

柑橘潜叶甲成虫为害状　　柑橘潜叶甲成虫（左）和幼虫（右）的为害状

（15）板栗瘿蜂

板栗瘿蜂（*Dryocosmus kuriphilus*）幼虫为害芽和叶片，形成各种各样的虫瘿。被害芽不能长出枝条，直接膨大，形成的虫瘿称为枝瘿。枝瘿呈球形或不规则形，在瘿上有时长出畸形小叶。受害叶片叶柄和主脉上形成的虫瘿称为叶瘿，叶瘿较扁平、呈绿

板栗瘿蜂为害形成的枝瘿（左）和叶瘿（右）

色或紫红色。每个虫瘿上留下一个或数个圆形出蜂孔。

2. 发生规律

蛀食性害虫根据其一年中的繁殖代数可分为两类：

①寡代性害虫（或称寡化性害虫）：1 年繁殖 1~2 代。

②多代性害虫（或称多化性害虫）：1 年繁殖 3 代及以上。害虫代数的多少与食物来源、环境条件及害虫的生活周期有关。寡代性害虫食物源单一、生活周期长，如天牛、桃小蠹、梨象甲、梨瘿华蛾、梨茎蜂，1 年 1 代，以树干为食或仅以果为食；桃小食心虫、梨小食心虫 1 年 1~2 代，以果为食；花蕾瘿蚊 1 年 1~2 代，以花为食；寡代性害虫对果树的危害程度与越冬代虫源的多少有关，越冬代虫源量也受到冬季和早春温度的影响。多代性害虫食物源较广泛和丰富、生活周期短，如香蕉象甲每年发生 4~5 代，能蛀食香蕉主茎和吸芽苗，无明显越冬现象；橘小实蝇、蛀果螟、细蛾、杧果横纹尾夜蛾、潜叶蛾、柚果瘿蚊等害虫有广泛的寄主范围，有充足的食物源，能取食寄主植物的叶、花、果和枝梢；多代性害虫对果树的危害程度与代数及繁殖量有关，代数及繁殖量受气候条件，特别是温度的影响较大。

3. 防治措施

（1）加强检疫

对于能通过果实产品、种子苗木传播的害虫，必须实行严格检验检疫，防治害虫传入新区。禁止从香蕉象甲发生区引种香蕉吸芽苗，推广种植组培苗；严防橘小实蝇幼虫随果实或蛹随带土树苗传播。

（2）卫生防御

①清园除虫：虫伤果、受害枯树和枯枝落叶是钻蛀性害虫的重要越冬所，果实采收后要及时做好果园清洁卫生。例如：香蕉园采果后及时砍伐假茎和带虫吸芽，进行高温堆肥或深埋处理，清除或减少香蕉象甲虫源；在橘小实蝇、桃小食心虫、梨小食心虫、蛀果螟、花蕾蛆、瘿华蛾、瘿蜂、天牛等害虫发生的果园，果实采收后及时摘除树上的虫伤果、残

花残枝、虫瘿枝，并烧毁或粪池沤浸处理，清除并烧毁受天牛蛀食的枯萎枝梢。幼虫入土期和成虫出土前用50%辛硫磷乳油800倍液或45%马拉硫磷乳油800倍液喷淋果树茎基部和沿树冠滴线内的地面，防止害虫幼虫入土化蛹和成虫羽化。

②树体保健：对为害树干枝条和在树干树皮中越冬的天牛、小蠹等钻蛀性害虫，冬季要进行果树体检和保健。冬季清园要注意检查树干上是否有蛀孔洞，蛀孔洞用含敌敌畏的棉花球、黏土或凡士林等封闭；及时刮除和修剪树皮爆裂的树干和大枝上的粗翘皮，保证树干的光滑性，并用涂白剂或石灰浆涂白主干，可减少越冬虫口基数。

（3）诱杀阻隔

利用套袋、雄性不育等生殖阻隔的方法，或利用害虫对光、色、性、味的趋好实施诱杀。

①灯光诱杀：果园安装黑光灯诱杀成虫。

②黄板诱捕：利用害虫的成虫对黄色的趋性，采用黄板诱捕成虫。

③化学诱杀：性信息素诱饵，利用桃蛀螟的性信息素主组分反 –10– 十六烯醛和顺 –10– 十六烯醛制成诱饵，在成虫盛发期诱集成虫。甲基丁香酚诱饵，在橘小实蝇成虫发生期将甲基丁香酚加杀虫剂（如：甲氰菊酯）制成的诱捕器悬挂树上，可诱捕橘小实蝇雄虫。水解蛋白毒饵，酵素蛋白和杀虫剂配制成诱杀剂能诱杀橘小实蝇。

④雄性不育：辐射处理橘小实蝇蛹实施不育防治。在室内饲养繁殖柑橘小实蝇蛹，用 $^{50}Co-\gamma$ 射线处理繁殖出不育雄成虫，人工释放到果园进行择偶交配使雌虫不能生殖。

⑤套袋隔离：果实套袋能预防多种蛀果害虫的为害，能阻隔雌虫产卵于果实或阻止幼虫蛀食果实。

（4）药剂防治

根据钻蛀性害虫的为害特点，成虫羽化至产卵前期和卵盛孵期至低龄幼虫蛀食前期是药剂防治适期，果树新梢嫩叶期、现蕾开花期、果实幼果期和成熟前期是保花、保果、保梢的关键时期。防治适期选用1.8%阿维菌素乳油 2 000 倍液、3% 啶虫脒乳油 1 000 倍液、40% 毒死蜱乳油 1 000 倍液、2.5% 高效氯氟氰菊酯水乳剂 1 000 倍液、2.5% 溴氰菊酯乳油 2 000 倍液、40% 氰戊菊酯乳油 1 000 倍液等药剂能有效防治橘小实蝇、桃小食心虫、梨小食心虫、蛀果螟、花蕾蛆、细蛾、瘿华蛾、茎蜂、瘿蜂等害虫。

（二）咬食性害虫

为害果树的咬食性害虫主要有蝶类和蛾类昆虫，还有少数甲虫类昆虫和叶蜂。蝶类和蛾类以幼虫咬食果树的叶片、树皮、花、果皮，造成缺刻和伤疤，体型较小的种类往往卷叶、缀叶、结鞘和吐丝结网，为害部位有残留的虫粪和碎屑；成虫主要任务是繁衍后代，多数以花蜜为补充营养，或口器退化不再取食，一般不造成直接为害。叶蜂以幼虫取食叶片。金龟子和象甲其成虫和幼虫都可为害果树，成虫群集咬食植物的新梢、嫩叶、叶片，造成孔洞、缺刻，咬食果树花、果，造成落花落果；幼虫可以咬食植物幼根。

📑 1. 实例

（1）香蕉弄蝶

香蕉弄蝶（*Erionota torus*）又称蕉苞虫、蕉粉虫。雌虫卵散产于叶片上，幼虫孵化后取食蕉叶，吐丝将叶片卷结成垂吊的叶苞，虫体藏匿

香蕉弄蝶雄虫（上）和雌 虫（下）　　香蕉弄蝶低龄幼虫（左）和 老熟幼虫（右）　　香蕉弄蝶为害状

在叶苞内取食为害，早、晚和阴天还会伸出头部食害附近叶片。为害严重时香蕉树垂吊着累累叶苞，叶片残缺不全，影响香蕉树的光合作用，降低果实产量和品质。

（2）柑橘凤蝶

为害柑橘的凤蝶主要有玉带凤蝶（*Papilio polytes*）、橘凤蝶（*P. xuthus*）和黄花凤蝶（*P. demoleus*）。凤蝶成虫卵产于柑橘嫩梢幼叶上，幼虫孵化后取食嫩叶，将叶片啃食成缺刻，严重时可将叶片吃光仅存叶脉，阻碍枝梢生长。幼苗被害后，植株生长受阻。

玉带凤蝶雌虫（上）和雄虫
（下）

玉带凤蝶
1. 幼虫和卵；2. 5龄幼虫；3. 蛹及寄生蜂羽化孔

（3）卷叶蛾类

为害果树的卷叶蛾种类多，幼虫咬食果树新芽、嫩叶和花蕾，仅留表皮呈网孔状，并使叶片纵卷成筒状，幼虫潜藏在卷叶内继续为害和吐丝做茧。

①柑橘受害：柑橘上发生的卷叶蛾类害虫主要有褐带长卷叶蛾（*Hormona coffearia*）和拟小黄卷叶蛾（*Adoxophyes cyrtosema*）。幼虫

为害柑橘树新梢、嫩叶、花蕾、花、幼果及成熟果。第一代幼虫可潜伏在两个幼果相贴处或果实与枝叶相贴处咬食果皮，大龄幼虫钻入幼果内取食，被害果常脱落。此后几代的幼虫喜食嫩叶，吐丝将三五片叶片牵结成苞，幼虫在苞内取食叶肉，被害叶仅存表皮或形成缺刻。柑橘果实成熟期幼虫能转害果实，造成落果。

褐带长卷叶蛾成虫　　　褐带长卷叶蛾幼虫　　　褐带长卷叶蛾幼虫为害柑橘枝梢

②荔枝受害：荔枝果上发生的卷叶蛾类害虫有黑点褐卷叶蛾（*Cryptophlebia ombrodelta*）、褐带长卷叶蛾（*Hormona coffearia*）和拟小黄卷叶蛾（*Adoxophyes cyrtosema*）。幼虫蛀食果实，蛀入孔上常附着虫粪及丝状物。花期为害的有圆角卷叶蛾（*Ebodo cellerigera*），咬食嫩芽、嫩叶及荔枝花。为害梢叶的有黄三角卷叶蛾（*Statherotis leucaspis*），幼虫咬食嫩叶，吐丝将3~5叶片缀合成叶苞，幼虫躲在叶苞中咬食叶肉。

③番石榴受害：番石榴上发生的卷叶蛾类害虫主要是桉小卷蛾（*Strepsicrates coriariae*）。幼虫为害番石榴的嫩梢、嫩叶及果实，幼虫吐丝将多张叶片缀合，潜伏在其中蚕食；或缠附于幼果取食果皮，形成疮疤，降低果实品质。

卷叶蛾为害荔枝花穗

荔枝花穗上的卷叶蛾蛹

桉小卷蛾

1. 成虫；2. 蛹；3. 幼虫

桉小卷蛾在番石榴上为害状

（4）夜蛾

①柑橘和棕受害：斜纹夜蛾（*Spodoptera litura*）幼龄幼虫仅啮食柑橘树叶肉，老龄幼虫食量大，把叶片蚕食成缺刻，常将寄主叶片吃光，仅留主脉。

斜纹夜蛾为害柑橘的成虫背面（左）和　　　斜纹夜蛾幼虫在柑橘上为害状
侧面（右）

斜纹夜蛾低龄幼虫群集为害棕树，大龄分散为害。幼虫沿叶脉两侧取食叶肉，造成密集孔洞，严重时将叶片吃光仅留主脉。

斜纹夜蛾为害棕的幼虫（左）和　　斜纹夜蛾幼虫群集　　斜纹夜蛾在棕上为害状
成虫（右）　　　　　　　为害棕

②梨受害：梨剑纹夜蛾（*Acronicta rumicis*）又称梨叶夜蛾。初孵幼虫啮食叶片叶肉残留表皮，稍大取食叶片成缺刻和孔洞，严重时叶片被吃光仅存叶脉和叶柄，老熟幼虫能缀叶作茧。

梨剑纹夜蛾成虫（左）和幼虫（右）

（5）蓑蛾

①龙眼受害：蓑蛾为害龙眼的有大蓑蛾（*Clania variegate*）和茶蓑蛾（*Clania minuscula*）。幼虫取食叶片成缺刻，也取食枝条，剥食小枝树皮，致使枝梢枯死。幼虫吐丝造囊，蓑囊上黏附断枝、残叶，幼虫栖息囊中。

②番石榴受害：褐蓑蛾（*Mahasena colona*）幼虫吐丝造囊，而后藏于护囊中咬食叶片、嫩梢或剥食枝干皮层。

为害龙眼的大蓑蛾蓑囊　　　　　　为害番石榴的褐蓑蛾护囊

（6）双线盗毒蛾

双线盗毒蛾（*Porthesia scintillans*）寄主植物广泛，为害龙眼、荔枝、杧果、柑橘、梨、桃、番石榴等果树。

①龙眼受害：成虫卵产在叶背或花穗枝梗上。初孵幼虫有群集性，在叶背取食叶肉，残留上表皮；大龄幼虫分散为害，咬食新梢嫩叶、花器和谢花后的小果。龙眼开花结果期花穗和刚谢花后的小幼果受害较重。

②桃受害：幼虫为害新梢嫩叶，取食叶肉将叶片咬成缺刻和孔洞。

③番石榴受害：幼虫为害新梢嫩叶，取食叶肉将叶片咬成缺刻和孔洞。

双线盗毒蛾成虫（上）和幼虫（下）

双线盗毒蛾为害龙眼花穗　双线盗毒蛾幼虫为害桃叶片　双线盗毒蛾幼虫为害番石榴枝叶

（7）龙眼尺蠖

龙眼发生虫害的尺蠖主要是粗胫翠尺蠖（*Thalassodes immissaria*）。幼虫取食幼叶、嫩芽和新梢，使叶片缺刻或将嫩叶嫩芽吃光，导致新梢无法抽出；花期和结果期幼虫为害花穗、幼果，导致不能挂果或落果。

（8）橄榄枯叶蛾

橄榄枯叶蛾（*Metanastria terminalis*）成虫静止时形如枯叶状而得名。幼虫白天群栖于树干或叶片上，夜间食量较大。幼虫蚕食叶片，为害新梢、幼果，果实啃食后结疤；老熟幼虫吐丝缠于叶片或枝干上结茧化蛹。

 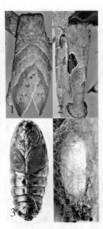 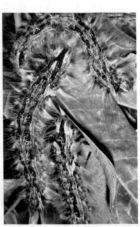

龙眼尺蠖幼虫为害状　　橄榄枯叶蛾　　橄榄枯叶蛾幼虫及为害状

1. 雌成虫；2. 雄成虫；3. 蛹；4. 茧

（9）舟蛾

①梨受害：舟蛾（*Wilemanus bidentatus*）初孵幼虫静栖于叶片边缘呈舟形，幼虫多在傍晚取食，造成叶片缺刻或仅存叶柄，影响果树生长，降低果实质量。

②枇杷受害：舟蛾（*Phalera flavescens*）低龄幼虫群集叶片正面咬食叶肉，被害叶呈纱网状叶脉；高龄幼虫能将叶面吃光，残留叶脉和叶柄，影响枇杷树势。

舟蛾幼虫为害梨叶　　　　　　　舟蛾幼虫及在枇杷上为害状

（10）梨树其他害蛾

①黄刺蛾（*Cnidocampa flavescens*）：幼虫咬食叶片造成孔洞和缺刻，或吃光叶肉仅留叶柄和主脉，严重影响树势和果实产量。

②黄腹斑灯蛾（*Spilosoma lubricipeda*）：低龄幼虫群集取食叶片表皮与叶肉，大龄幼虫分散为害，将叶片吃成缺刻与孔洞。叶面受伤后，卷曲枯黄，早期脱落，影响树势。受害严重时幼虫可将整株树叶全部食光，仅留下叶脉，呈现一片枯黄。

③茸毒蛾（*Dasychira pudibunda*）：幼虫食叶，受害叶片成缺刻或孔洞状；老龄幼虫食量大，常将叶片食光；老熟幼虫将叶卷起结茧。

④燕尾水青蛾（*Actias seleneningpoana*）：该虫又称大水青蛾、绿尾大蚕蛾，是一种大型食叶害虫。幼虫常把叶片吃光仅剩叶柄；吃完一张叶片又换另一张叶片，把整枝梢的叶片吃光再转其他枝为害。

⑤梨六点天蛾（*Matumba gaschkewitschi complacens*）：以幼虫啃食叶片，常逐枝吃光叶片；严重时可吃尽全树叶片，之后再转移为害。

黄刺蛾幼虫

黄腹斑灯蛾幼虫

茸毒蛾幼虫

燕尾水青蛾幼虫

梨六点天蛾幼虫

⑥梨叶蜂（*Caliroa matsumotonis*）：低龄幼虫咬食叶肉仅残留叶表皮，大龄幼虫将叶片咬食成缺刻或孔洞，致使叶片残缺不全或残留叶脉，影响梨树生长发育。

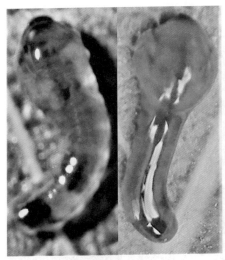

梨叶蜂幼虫　　　　　　　　　梨叶蜂为害状

（11）杨桃鸟羽蛾

杨桃鸟羽蛾（*Diacrotricha fasciola*）以幼虫蛀食花和幼果，导致杨桃大量落花、落果；幼虫食害叶片，造成叶片缺刻或孔洞。

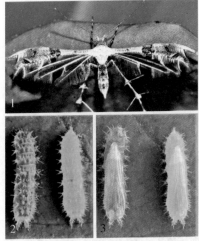

杨桃鸟羽蛾　　　　　　　　杨桃鸟羽蛾为害杨桃花
1. 成虫；2. 幼虫；3. 蛹

（12）番石榴棉古毒蛾

番石榴棉古毒蛾（*Orgyia postica*）幼虫为害新梢嫩叶和幼嫩花穗，严重时新梢嫩叶及花穗幼嫩组织都被吃光。

（13）杧果刺蛾

杧果发生虫害的刺蛾有背刺蛾（*Belippa horrida*）和扁刺蛾（*Hosea sinensis*）。以幼虫取食叶片。低龄啃食叶肉，大龄幼虫食量增大，将叶片咬食成缺刻和孔洞，严重时将叶片吃光，导致树势衰弱和减产。

番石榴叶片上的棉古毒蛾幼虫　棉古毒蛾幼虫　背刺蛾（左）和扁刺蛾（右）幼虫

（14）枇杷黄毛虫

枇杷黄毛虫（*Melanographia flexilineata*）又称枇杷瘤蛾。初龄幼虫群聚在嫩叶正面取食叶肉。2龄后分散取食，从叶背取食叶肉残留上表

枇杷黄毛虫幼虫（左）和成虫（右）　　枇杷黄毛虫为害嫩梢和叶片

皮和叶脉。嫩叶被吃完后，转害老叶、嫩茎表皮及花果。

（15）柑橘灰象甲

柑橘和荔枝受害：柑橘灰象甲（*Sympiezomia citre*）以成虫为害柑橘的叶片及幼果。老叶受害常造成缺刻，受害严重时嫩叶都被吃光；将嫩梢啃食成凹沟，导致枝梢萎蔫枯死；幼果受害果面残留疤痕，重者造成落果。

柑橘灰象甲为害荔枝，幼虫咬食嫩叶和嫩梢，将叶片咬食成缺刻或吃光。

柑橘灰象甲成虫为害柑橘梢叶

柑橘灰象甲为害状

柑橘灰象甲在荔枝上为害状

（16）金龟子

①柑橘和柿受害：铜绿丽金龟（*Anomala corpulenta*）以成虫取食柑橘树叶、嫩芽、嫩梢，为害严重的将叶片吃尽，仅留叶柄，幼虫（蛴螬）为害地下根部及幼苗。

铜绿丽金龟（*Anomala corpulenta*）以成虫取食柿树叶、嫩芽、嫩梢，将整株树的叶片都咬食成网状孔洞，幼虫（蛴螬）为害地下根部及幼苗。

铜绿丽金龟成虫

铜绿丽金龟在柿上为害状

　　②葡萄受害：斑喙丽金龟（*Adoretus tenuimaculatus*）成虫咬食叶片形成缺刻或孔洞，食量较大、在短时间内可将叶片吃光，残留叶脉形成网络状孔洞。幼虫为害根组织。

　　③草莓受害：鳃金龟（*Serica orientalis*）又称天鹅绒金龟子、东方金龟子。成虫取食草莓的嫩叶和花器，也为害花蕾和果实。幼虫在地下取食草莓根系，咬断根茎，造成秧苗长势衰弱或死苗。

　　④番石榴受害：白金龟（*Cyphochilus crataceus*）仅见栖息在树上的成虫，未发现明显为害。据报道白金龟主要以真菌为食。

斑喙丽金龟成虫

斑喙丽金龟在葡萄上为害状

鳃金龟成虫

鳃金龟在草莓上为害状

白金龟成虫

白金龟栖息于番石榴枝叶上

（17）柑橘台龟甲

柑橘台龟甲（*Taiwania obtusata*）成虫和幼虫取食叶片为害，尤其喜好取食花瓣附近的嫩叶叶肉，受害叶面出现密密麻麻的短条状小白斑，严重时斑点破烂穿孔。

柑橘台龟甲成虫及为害状

2. 发生规律

为害果树的蝶类和蛾类昆虫大多数为多代繁殖，1 年发生 3~8 代不等；以老熟幼虫或蛹越冬，以幼虫咬食果树的叶片、嫩芽、嫩梢，有些能为害花和幼果。甲虫类害虫如小象甲、金龟子为单代繁殖，1 年发生 1 代。象甲类成虫和幼虫都可为害果树；金龟子成虫咬食植物的新梢、嫩叶，幼虫（蛴螬）生活在土壤中，为害果树根。

3. 防治措施

（1）人工防治，清除虫源

①冬季清园，清除地面枯枝落叶，结合修剪清除受害梢叶，捕杀越冬虫源。

②结合中耕除草和冬季扩穴施肥，适当翻松园土，杀死土壤中越冬的幼虫和蛹；土壤中害虫化蛹和成虫羽化期，沿树冠滴线内的地面用 50% 辛硫磷乳油 800 倍液或 45% 马拉硫磷乳油 800 倍液喷淋，可杀灭

土壤中的害虫。

(2)利用趋性,诱杀成虫

①灯光诱杀:果园安装频振式杀虫灯,在成虫发生期开灯诱杀。

②化学诱杀光:例如斜纹夜蛾可用糖醋溶液(糖:酒:醋:水=6:1:3:10,加少许90%晶体敌百虫)诱杀成虫。

(3)精准用药,适期防治

卵孵化盛期和低龄幼虫盛发期与果树新梢、嫩叶期、现蕾开花期、幼果期相吻合,就要及时防治。药剂选用1.8%阿维菌素乳油2 000倍液、3%啶虫脒乳油1 000倍液、40%毒死蜱乳油1 000倍液、2.5%高效氯氟氰菊酯水乳剂1 000倍液、2.5%溴氰菊酯乳油2 000倍液、40%氰戊菊酯乳油1 000倍液等喷施,可防治各类咬食性害虫。

(三)吸食性害虫

吸食性害虫以刺吸式口器或锉吸式口器吸食植物体内汁液。刺吸式口器的害虫有叶蝉、蜡蝉、木虱、粉虱、蚜虫、蚧、瘿蚊、蝽、植食性螨类等;锉吸式口器的害虫有蓟马。这些害虫除了蜡蝉和蝽的个体为中等大小之外,其余的都属于小体型害虫。叶蝉、蜡蝉、木虱、粉虱、蚜虫、蚧类具有分泌蜡质或介壳状覆盖物的腺体。吸食性害虫的为害状有时与病害症状相似,在诊断时需要认真辨别。吸食性害虫的为害状:a.畸形。如瘿蚊引起植物组织形成瘿瘤,蚜虫引起叶片畸形。b.变色。蚧类为害引起果实色斑和疤痕,叶螨刺吸植物汁液导致受害植物组织失绿或出现黄斑或植物表皮变黑。c.病虫复合症。有些吸食性害虫能传播病害或引起病虫害复合症,如蚜虫和木虱传播病毒病和细菌性病害,蚜虫、介壳虫引起果树煤烟病,瘿螨引起毛毡病。

1. 实例

(1)介壳虫

介壳虫简称蚧,体型微小,多为圆形或长椭圆形,刺吸式口器。成虫和若虫刺吸植物的汁液，破坏叶绿素，分泌大量蜡粉覆盖于植物表皮阻碍其光合作用，分泌蜜露诱导煤烟病发生。

①柑橘受害：柑橘上发生虫害的蚧种类多，常见的有以下几种。

堆蜡粉蚧（*Nipaecoccus vastalor*）雌虫全体覆盖厚厚的白色蜡粉，若虫和雌成虫以群集形式在嫩梢、果柄和果蒂上为害，刺吸枝干、叶的汁液，导致叶片干枯卷缩，树势衰弱甚至枯死。

佛州龟蜡蚧（*Ceroplastes floridensis*）雌虫全体覆盖一层白色蜡质物，若虫和雌成虫为害植株叶片和枝条，导致枝条枯萎，能诱发煤烟病发生。

红蜡蚧（*Ceroplastes rubens*）雌虫虫体覆盖玫瑰红蜡质层、半球形。以成虫和若虫刺吸枝、叶汁液，削弱树势或导致枝条枯死。排泄蜜露常诱致煤烟病发生。

橘粉蚧（*Planococcus citri*）又称橘臀纹粉蚧。雌成虫全体覆盖白色蜡粉。幼蚧多群集于嫩叶主脉两侧及枝梢的嫩芽、腋芽、果柄、果蒂处，或两果相接或两叶相交处取食。

吹绵蚧（*Icerya purchase*）若虫和雌成虫群集在柑橘树的枝干、叶背中脉两侧和果实上吸食汁液，使叶黄枝枯、果皮粗糙，引起落叶、落果。排泄大量蜜露诱发煤烟病。

矢尖蚧（*Unaspis yanonensis*）以雌成虫和若虫固定在柑橘叶片、枝梢、果实上吸食汁液，致使叶片卷曲发黄、凋落，枝条枯死，果实不能

堆蜡粉蚧为害状（虫体及煤烟病）　　　　　堆蜡粉蚧雌虫

充分成熟，果味变酸，严重影响果实品质和产量。

柑橘褐圆蚧（*Chrysomphalus aonidum*）雌成虫和若虫为害树干、枝和叶。受害枝干表皮粗糙，嫩枝受害生长不良；叶片受害后出现淡黄色斑点；果实受害后，表皮有凹凸不平的斑点，品质降低。

佛州龟蜡蚧雌虫　　　　　红蜡蚧形态（左）及为害状（右）

 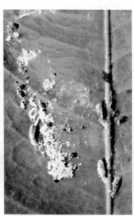 

吹绵蚧成虫和若虫　　　矢尖蚧雌虫和雄虫　　柑橘褐圆蚧雌虫和雄虫

②荔枝、龙眼受害：荔枝、龙眼上发生重要的介壳虫有垫囊绿绵蜡蚧、堆蜡粉蚧和缨单蛳蚧。此外，还有角蜡蚧、吹绵蚧等。

垫囊绿绵蜡蚧（*Chloropulvinaria psidii*）为害荔枝和龙眼。成虫和若虫取食新梢嫩叶、花穗、果穗，成熟雌虫腹端分泌物把虫体垫起形成垫囊。分泌的蜜露常滴于荔枝果蒂附近和果肩上诱发煤烟病，影响果品外观。

垫囊绿绵蜡蚧为害荔枝花穗　　　　垫囊绿绵蜡蚧为害荔枝叶片

堆蜡粉蚧（*Nipaecoccus vastalor*）为害荔枝和龙眼。若虫和雌成虫群集在嫩梢、果柄、果蒂、叶柄和小枝上，分泌堆状的白色蜡粉。若虫、成虫刺吸枝干、叶的汁液，严重者叶干枯卷缩，削弱树势，甚至枯死。

堆蜡粉蚧为害荔枝　　堆蜡粉蚧为害龙眼果穗　　蚂蚁取食堆蜡粉蚧蜜露

缨单蜕蚧（*Thysanofiorinia nephelii*）为害荔枝叶片，寄生于叶片的叶面或叶背，多数发生于叶背。寄生于叶片背面时，散布着白色蜡条或蜡块覆盖的介壳；相对应的叶面密集产生褪绿小斑或灰白色小点。

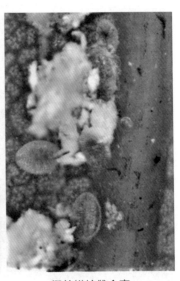

缨单蜕蚧在荔枝上为害状　　　　　　　缨单蜕蚧雌介壳

③桃、油桃、李、棕受害：桑白蚧（*Pseudaulacaspis pentagona*）又称桃白蚧、桑盾蚧，是桃树、油桃树、李树、棕树的重要害虫。雌成虫和若虫群集固着在树干和枝条上吸食养分，也为害果实和叶片。虫害发生严重时树干和枝条密布介壳及虫体，雌介壳圆形、灰白色至灰褐色，雄介壳细长、白色。受害严重的果树树势衰弱，枝芽发育不良，甚至枝条或全株死亡。若虫在果实上呈分散为害，固着于果皮上吸食养分。桃果实受害在取食点周围形成圆形红斑，棕果受害在取食点周围形成黄色至褐色斑点，李果蒂受害时果皮变红。

桑白蚧在桃上为害状　　　桑白蚧在桃上的雌介壳　　桑白蚧在桃上的雄介壳

桑白蚧为害桃果实

桑白蚧在油桃上的雌介壳

桑白蚧在油桃上的雄介壳

桑白蚧在李上为害状

桑白蚧在榉上为害状

④柿受害：柿绵蚧（*Eriococcus kaki*）又称树虱子、柿绒蚧、柿绒粉蚧、柿毛毡蚧，是柿树主要害虫。以成虫和若虫吸食为害嫩枝、叶片和果实。果树抽梢期和叶片生长期，若虫在嫩芽、新梢、叶柄、叶背等处吸食汁液；结果期和果实膨大期，若虫固着在柿蒂和果实表面上为害。嫩枝被害后，轻则形成黑斑，重则枯死；叶片被害严重时畸形，提早落叶；幼果受害容易落果，大果受害后变黄软化，受害部凹陷、变黑，木栓化，严重时造成裂果。

⑤番石榴受害：番石榴上发生虫害的介壳虫有橘粉蚧和日龟蜡蚧。

橘粉蚧（*Planococcus citri*）若虫和成虫群集于嫩叶主脉两侧及枝梢嫩芽、腋芽，果柄、果蒂处为害，引起芽梢枯萎、落叶、落花和落果。

柿绵蚧为害柿叶片

柿绵蚧为害柿果实

橘粉蚧为害番石榴叶片

橘粉蚧为害番石榴果实

橘粉蚧成虫和若虫

排泄蜜露于枝叶上诱发煤烟病。

日龟蜡蚧（*Ceroplastes japonicas*）若虫和雌成虫刺吸枝、叶汁液，削弱树势，重者枝条枯死；排泄蜜露常诱发煤烟病，影响植株光合作用，导致植株生长不良。

⑥杧果受害：杧果上发生虫害的蚧类有白轮蚧、红蜡蚧和椰圆蚧。

白轮蚧（*Aulacaspis tubercularis*）以若虫和雌成虫固着在果树的叶片、枝条和芽上，以口针刺吸汁液营养，造成叶片枯黄脱落，枝芽枯萎。

红蜡蚧（*Ceroplastes rubens*）成虫和若虫在枝条和叶片吸食汁液，

致使植株长势衰退，为害严重可造成植株枯死。

椰圆蚧（*Aspidiotus destructor*）以成虫和若虫固着在嫩枝及嫩叶背面吸食汁液，受害叶面呈现黄白色失绿斑纹或叶片卷曲，叶片黄枯脱落。

日龟蜡蚧雌蚧形态

日龟蜡蚧为害番石榴枝叶

白轮蚧雌蚧和雄蚧

红蜡蚧雌蚧

椰圆蚧为害杧果叶片

椰圆蚧为害杧果果皮

⑦番木瓜受害：番木瓜秀粉蚧（*Paracoccus marginatus*）成虫和若虫为害番木瓜叶片、树干、花和果实，果实受害尤为严重。番木瓜秀粉蚧在番木瓜结果期繁殖密度高，为害严重。成虫和若虫密布于果实表面，刺吸果实汁液，阻碍果实生长，导致果实畸形。秀粉蚧分泌蜜露诱发煤烟病，果实完全变黑，失去商品价值。

番木瓜秀粉蚧为害状（果实上密布虫体）　番木瓜秀粉蚧为害状（诱发煤烟病）　番木瓜秀粉蚧为害番木瓜果实

番木瓜秀粉蚧

1. 卵；2. 1龄若虫；3. 2龄若虫；4. 3龄若虫；5. 4龄雌若虫；6. 4龄雄若虫；7. 雌成虫；8. 雄成虫

⑧葡萄受害：葡萄康氏粉蚧（*Pseudococcus comstocki*）为害嫩枝、果穗和果实。嫩枝和果梗受害后表面粗糙不平，受害部肿胀；果实受害后，果面残留污斑和疤痕。康氏粉蚧分泌蜜露诱发煤烟病，致使果皮变黑，降低了产品价值。

葡萄康氏粉蚧为害状及诱发煤烟病

（2）木虱和粉虱

木虱为小型昆虫，为害植物叶片，引起虫瘿、叶枯和落叶。柑橘木虱还会传播柑橘黄龙病。粉虱体型微小，虫体和翅面纤细白色蜡粉覆盖，成虫和若虫刺吸植物的汁液，破坏叶绿素；分泌蜜露诱导煤烟病发生。

①柑橘木虱（*Diaphorina citri*）：该虫是新梢期主要害虫。成虫在嫩梢产卵并孵化若虫，若虫和成虫群集于嫩梢、幼叶和新芽上吸食为害。被害嫩梢幼芽干枯萎缩、新叶扭曲畸形。木虱分泌的白色蜜露洒布于枝叶上，诱发煤烟病。柑橘木虱是柑橘黄龙病的传播介体。

柑橘木虱若虫（左）和雌成虫（右）　　柑橘木虱成虫群集为害嫩芽嫩叶　　柑橘木虱为害叶片（畸形）

②龙眼角颊木虱（*Cornegena psylla sinica*）：成虫和若虫均可为害。成虫在龙眼嫩芽、新梢、幼叶、花穗嫩茎上刺吸为害。幼虫在嫩芽、幼叶背面刺吸汁液，受害部位形成钉状虫瘿。虫瘿向叶面突起，叶背凹陷，

若虫藏匿于叶背虫瘿的凹穴中。虫瘿密集形成时叶片皱缩变黄，引起落叶。龙眼角颊木虱是龙眼鬼帚病的传毒介体，对龙眼树的危害性极大。

龙眼角颊木虱交尾及卵　　龙眼角颊木虱为害嫩叶嫩梢　　龙眼角颊木虱为害叶片并产生虫瘿

③橄榄星室木虱（*Pseudophacopteron canarium*）：成虫和若虫为害新梢和嫩叶。雌成虫卵散产于嫩叶主脉及其两侧附近，一张嫩叶片上常有 100 多粒卵，若虫密集为害。春梢受害严重，橄榄产量大减。害虫大发生时会引起橄榄树大量落叶和枯枝，2~3 年内不能结果，甚至死亡。

橄榄星室木虱

1. 成虫；2. 若虫；3. 卵

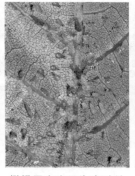

橄榄星室木虱为害新梢　　橄榄星室木虱为害叶片　　橄榄星室木虱若虫排列于叶背面的叶脉两侧

橄榄星室木虱为害嫩芽

橄榄星室木虱为害状（皱叶、锈果）

④柑橘粉虱：为害柑橘的粉虱有黑刺粉虱（*Aleurocanthus spiniferus*）、橘粉虱（*Dialeurodes citri*）、长粉虱和双刺长粉虱，前两种较为普遍。

黑刺粉虱又称橘

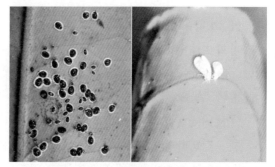

柑橘黑刺粉虱（左）和橘粉虱（右）

刺粉虱。若虫聚集在叶片背面吸食汁液，叶片被害处黄化。该虫能排泄蜜露，诱发烟煤病导致柑橘树严重落叶，毁树成灾。

橘粉虱若虫群集叶背吸食汁液，受害叶变黄，导致春、夏梢诱发煤烟病，引起枯梢，果实生长缓慢，以致脱落。

⑤螺旋粉虱（*Aleurodicus dispersus*）：可为害番石榴、莲雾等果树。雌成虫产卵于叶背，产卵时沿螺旋状轨迹移动，卵粒分散呈螺旋状排列，并分泌白色蜡粉。初孵若虫群集于附近的叶脉处固着取食。若虫与成虫吸食叶片汁液，导致叶片提前落叶，植物生长缓慢。若虫分泌的蜜露可诱发烟煤病，影响果实产量和品质。

螺旋粉虱雌成虫（主脉左下侧）及螺旋状
产卵痕

螺旋粉虱产卵痕和在莲雾上为害状
（黄色枯斑）

（3）叶蝉和蜡蝉

叶蝉虫体型小，为害叶片，引起叶片枯萎和落叶。蜡蝉虫体中型至大型，通常色彩艳丽，享有"羽衣"之称；多数种类能分泌白色蜡粉，因此得名"蜡蝉"。

①桃树受害：为害桃树的叶蝉有桃一点斑叶蝉和桃小绿叶蝉。

桃一点斑叶蝉（*Erythroneura sudra*）又称桃一点叶蝉。成虫、若虫刺吸寄主植物的嫩叶、花萼和花瓣汁液，形成半透明斑点。落花后集中于叶背为害，受害叶片形成许多灰白色斑点。严重时全树叶片苍白，提

桃一点斑叶蝉成虫背面
和侧面

桃一点斑叶蝉为害状（叶
片白化枯黄）

桃一点斑叶蝉为害状（叶
片密布白斑）

桃一点叶蝉成虫在叶
主脉的产卵痕

桃小绿叶蝉为害状

桃小绿叶蝉成虫和若虫

早脱落。卵多散产在叶背主脉内，孵化后留下焦褐色长形破缝。

桃小绿叶蝉（*Jacobiasca formosana*）在桃树抽梢期和开花期，以成虫、若虫为害嫩叶、花萼和花瓣；落花后若虫、成虫在叶片背面刺吸汁液，被害叶片初现黄白色斑点后渐扩展成片，严重时全树叶片苍白早落。

②梨受害：斑叶蝉和碧蛾蜡蝉均能为害梨。

斑叶蝉（*Erythroneura* sp.）成虫产卵于叶柄和主脉，若虫孵化后产卵痕破裂形成伤口，伤口周围叶柄和主脉呈黑色；成虫和若虫为害叶片，刺吸汁液，造成褪色、畸形、卷缩，甚至全叶枯死。

碧蛾蜡蝉（*Geisha distinctissima*）又称碧蜡蝉、青翅羽衣。以成虫、若虫刺吸梨树枝、茎、叶的汁液，细嫩枝梢受害引起枯梢。为害严重时

斑叶蝉为害状（褪色、畸
形和卷缩）

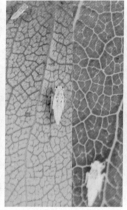
斑叶蝉若虫

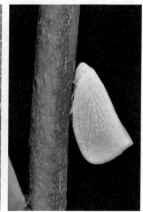
碧蛾蜡蝉成虫

枝、茎和叶上布满白色蜡质，致使树势衰弱。

③柿受害：柿斑叶蝉（*Erythroneura mori*）又称柿小叶蝉。成虫和若虫在叶背吸食汁液，被害叶面出现白色小点，严重时全叶苍白色，柿树提早落叶，果实早熟，产量降低。

④番石榴受害：褐缘蛾蜡蝉（*Salumis marginella*）又名青蛾蜡蝉。成虫、若虫在嫩梢和叶背吸食汁液，成虫卵产在嫩梢组织中。枝梢受害部位皮层呈瘤状隆起，受害严重时引起枝枯。

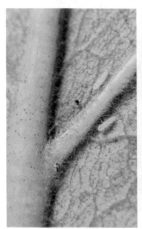

柿斑叶蝉若虫　　　　柿斑叶蝉为害状　　　褐缘蛾蜡蝉在番石榴枝梢上的为害状

⑤杧果受害：碧蛾蜡蝉和褐缘蛾蜡蝉均能为害杧果。

碧蛾蜡蝉（*Geisha distinctissima*）以成虫、若虫刺吸植物枝、茎、叶的汁液，受害枝、茎布满白色蜡质，诱发煤烟病。

褐缘蛾蜡蝉（*Salumis marginella*）成虫、若虫吸食作物枝条、嫩梢汁液，致使树势衰弱，严重时造成枝条枯死。

⑥龙眼受害：白蛾蜡蝉和龙眼鸡均可为害龙眼。

白蛾蜡蝉（*Lawana imitata*）又称白翅蜡蝉，俗称白鸡。成虫、若虫群集在较荫蔽的枝干、嫩梢、花穗、果梗上刺吸汁液，并排出蜡粉状物覆盖在虫体及为害部位的表面上；其排泄物易诱发煤烟病，致使树势衰弱，受害严重时造成落果或品质变劣。

碧蛾蜡蝉为害杧果引起煤烟病

褐缘蛾蜡蝉为害杧果枝条

白蛾蜡蝉成虫

白蛾蜡蝉在龙眼叶片上的为害状

白蛾蜡蝉在龙眼枝条上的为害状

龙眼鸡（*Fulfora candelaria*）又名龙眼蜡蝉。成虫、若虫吸食树干、枝梢汁液，被刺吸后皮层逐渐密生小黑点。虫害严重时果树枝条干枯、树势衰弱，还可诱发煤烟病。

（4）蚜虫

蚜虫吸食植物茎叶的汁液，引起叶片枯焦、皱缩、畸形，分

龙眼鸡

泌蜜露诱发煤烟病。

①柑橘受害：橘蚜、橘二叉蚜和绣线菊蚜均可为害柑橘。

橘蚜（*Toxoptera citricidus*）成虫和若虫群集在嫩梢、嫩叶、花蕾和花上吸取汁液，造成叶片卷曲、新梢枯死、落花和落果，并能诱发煤烟病，使枝叶发黑。

橘二叉蚜（*Toxoptera aurantii*）成虫和若虫群集在幼叶背面和嫩梢上为害，造成叶片向背面卷曲、硬化。

绣线菊蚜（*Aphis citricola*）常群集于枝梢、叶背、嫩芽吸食为害，导致叶片向叶背横卷，叶尖向叶背、叶柄弯曲。分泌蜜露诱发煤烟病，也诱引蚂蚁取食。

橘蚜为害状　　　　　橘二叉蚜为害状　　　　绣线菊蚜为害状

②桃、棕受害：桃蚜、桃粉蚜和桃瘤蚜均可为害桃、棕等。

桃蚜（*Myzus persicae*）成虫和若虫群集于芽、叶、嫩梢和花蕾上刺吸汁液，引起叶片卷曲皱缩、芽枯和梢枯、花蕾萎缩；桃蚜分泌蜜露引起煤烟病；桃蚜还能传播多种植物病毒，如黄瓜花叶病毒（*Cucumber mosaic virus*，CMV）、马铃薯 Y 病毒（*Potato virus* Y，PVY）和烟草蚀纹病毒（*Tobacco etch virus*，TEV）等。

桃粉蚜（*Hyalopterus arundimis*）有翅蚜和无翅蚜都能为害，成虫和若虫群集于枝梢和嫩叶的叶背上吸食汁液为害，被害叶向背面纵卷，叶面上常有白色蜡状的分泌物并引起煤烟病发生。

桃蚜在嫩芽上的为害状　　桃蚜在桃花上的为害状　　桃粉蚜为害状

　　桃瘤蚜（*Tuberocephalusmononis*）以成虫、若虫群集于新叶和嫩叶的叶背吸食汁液，受害叶片的叶缘向正面或背面纵向卷曲，卷曲部叶组织肥厚，初呈淡绿色后转为红色。剥开卷曲叶片，可以观察到蚜虫。蚜虫也为害桃幼果，刺吸桃子后在果面上产生成堆的瘤状虫瘿，虫瘿初期为绿色，后转为红色。

桃瘤蚜为害状　　　　　　　桃瘤蚜为害状（虫瘿果）

　　③梨受害：为害梨树的蚜虫种类有梨二叉蚜、梨黄粉蚜、梨大绿蚜和梨大蚜等。

梨二叉蚜（*Schizaphis piricola*）又称梨蚜。成虫、若虫群集于芽、叶、嫩梢和茎上吸食汁液。梨叶受害严重时由两侧向正面纵卷成筒状，被害卷缩的叶片不能展开，叶片产生枯斑，早期脱落。排泄蜜露能诱发煤烟病和诱引蚂蚁。

梨大绿蚜（*Nippolachnus piri*）成虫和若虫群集于叶背主脉两侧刺吸食汁液，被害叶片最终变黄焦枯和提早脱落。分泌蜜露诱发煤烟病。

梨二叉蚜为害叶片

梨黄粉蚜（*Aphanostigma jakusuiense*）又称梨黄粉虫。成虫和若虫群集在果实萼低洼处为害繁殖，虫口密度大时黄色粉末状布满整个果面。受害果萼凹陷，形成龟裂的黑疤。

梨大蚜（*Pyrolachnus pyri*）成虫和若虫群集梨树枝干，枝干受害处湿润黑色、枝叶生长不良，树势衰弱。排泄蜜露能诱发煤烟病。

梨蚜为害枝梢

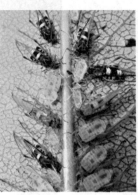
梨大绿蚜成虫和若虫

梨大绿蚜为害状

（5）蓟马

蓟马体型细小，口器为锉吸式；翅为缨翅，翅缘有缨毛。蓟马以成虫和若虫为害寄主植物的幼嫩部位，如嫩芽、幼叶、新梢、花器、幼果。以其口器锉破植物表皮，口针插入植物组织内吸食汁液，受害的植物叶片产生黄褐色斑点，叶片肿胀、卷曲和产生虫瘿，嫩芽或心叶受害呈萎缩状或丛生现象，花器受害扭曲、畸形。

①香蕉受害：黄胸蓟马（*Thrips hawaiiensis*）又称香蕉花蓟马和夏威夷蓟马。若虫、成虫锉吸香蕉花、子房及幼果的汁液。花器和花瓣受害后成白化，为害严重的花朵萎蔫。雌虫卵产于幼果的表皮组织中，虫卵周围的幼果表皮细胞受刺激引起组织增生。果皮受害部位初期出现水渍状斑点，其后渐变为红色或红褐色小点，最后变为粗糙黑褐色突起斑点。

②柑橘受害：柑橘蓟马、茶黄蓟马和黄胸蓟马均可为害柑橘。

柑橘蓟马（*Scirtothrips citri*）成虫和若虫为害新梢嫩叶和幼果。嫩叶主脉两侧出现灰白色或灰褐色条斑，受害严重时叶片扭曲变形，叶肉增厚，叶片变硬易碎裂、脱落。幼果的萼片或果蒂受害会形成环状疤痕，果皮受害后造成花皮果、癣斑果。

茶黄蓟马（*Scirtothrips dorsalis*）成虫和若虫锉吸新梢、嫩叶和幼果为害，受害叶片产生淡黄色斑点，叶片小、畸形，新梢生长受阻；果柄受害产生红褐色稍隆起条斑，果皮受害产生粗糙、褐色、木栓化疤痕。

香蕉花蓟马为害状（果皮有突出的小斑点）

香蕉花蓟马生活史

柑橘蓟马为害柚叶片

柑橘蓟马为害金柑果实

黄胸蓟马为害柑橘花

茶黄蓟马成虫

茶黄蓟马为害蜜柚果

黄胸蓟马（*Thrips hawaiiensis*）若虫和成虫锉吸柑橘花瓣和子房的汁液，受害部产生淡褐色斑点，为害严重的花朵萎蔫。

（6）瘿蚊

瘿蚊为害植物花和果实造成腐烂或形成虫瘿。

①柑橘受害：柑橘芽瘿蚊（*Contarinia* sp.）又名柑瘿蚊。以蛆状幼虫钻入嫩芽取食，形成绿豆大小淡绿色虫瘿，嫩芽因生长点被破坏

不能抽梢、开花，严重的影响产量。被害小的叶片卷曲，或小叶柄膨大呈瘤状，且被害部位色较淡。

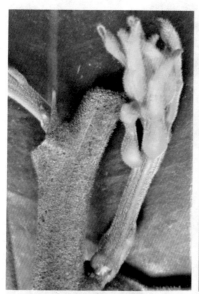

柑橘芽瘿蚊为害嫩芽

柑橘芽瘿蚊为害嫩梢

②荔枝受害：荔枝叶瘿蚊（*Dasineura* sp.）以幼虫潜入新梢嫩叶组织，受害初期呈水渍状斑痕，斑痕逐渐朝叶面和叶背凸起，形成小瘤状虫瘿。叶片上虫瘿密集形成时，导致叶片扭曲变形。老熟幼虫脱出虫瘿后，残留的

荔枝叶瘿蚊为害状

叶面（左）和叶背（右）

虫瘿组织逐渐干枯脱落，形成穿孔。

③梨受害：梨卷叶瘿蚊（*Contarinia pyrivora*）又名梨红沙虫和梨叶蛆，幼虫为害梨树新梢嫩叶。受害叶片两侧叶缘向内纵卷呈筒状，叶色由嫩黄绿色变为紫红色，肥厚僵硬，最后变黑枯死或脱落。受害严重时，

梨卷叶瘿蚊为害嫩梢　　梨卷叶瘿蚊为害嫩叶　　梨卷叶瘿蚊幼虫

树冠顶部叶片脱落呈秃枝。成年果树春、夏梢叶片受害脱落后，导致秋梢徒长，徒长梢次年不能形成结果花芽。梨苗和幼树嫩梢也会受害，受害树苗不能长成一类壮苗，幼树嫩梢受害影响树冠形成。

④杧果受害：杧果叶片上发生虫害的瘿蚊有杧果叶瘿蚊和杧果壮铗普瘿蚊，这两种瘿蚊在杧果树上可单独发生为害或共同发生为害，受瘿蚊为害的杧果叶片易发生炭疽病。

杧果叶瘿蚊（*Erosomyia mangiferae*）以幼虫为害嫩叶、嫩梢。初孵幼虫从嫩叶表皮钻入叶组织取食叶肉，取食部位初期呈浅黄色小斑点，而后斑点扩大呈褐色、斑点外圈呈黄色或淡绿色。为害严重时叶片上密布褐斑，斑点可穿透叶片正面和背面，最终破裂形成穿孔，叶片枯萎脱落。

杧果叶瘿蚊为害状

杧果壮铗普瘿蚊为害状（虫瘿）

杧果壮铗普瘿蚊（*Procontarinia robusta*）以幼虫为害叶片，为害初期在叶面上形成隆起的黄色斑点，斑点逐渐扩大形成褐色钉状虫瘿。幼虫可在虫瘿中化蛹，成虫羽化时在虫瘿顶部形成羽化孔。为害严重时一张叶片上形成密集虫瘿，虫瘿周围的叶肉后期呈白色坏死，虫瘿脱落后叶片上形成大量穿孔，叶片枯萎脱落。

（7）蝽类

荔枝蝽和麻皮蝽是蝽科体形中等至大型的种类，也是重要的植食性害蝽。刺吸果树茎、叶、果实的汁液，影响果实的产量和品质。网蝽科体型小，重要的种类如梨网蝽和香蕉网蝽。网蝽多在叶背面或幼嫩枝条群集食害，排出锈渍状污物，并在受害组织上产卵。

①荔枝蝽（*Tessaratoma papillosa*）主要为害荔枝和龙眼。成虫和若虫刺吸嫩枝、花穗、幼果的汁液，导致落花落果。其分泌的臭液黏附于花蕊、嫩叶及幼果等，并可导致接触部位枯死，大发生时严重影响产量，甚至颗粒无收。

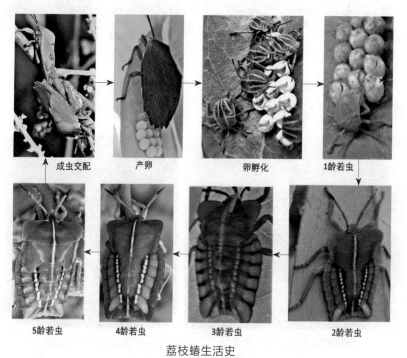

成虫交配　产卵　卵孵化　1龄若虫

5龄若虫　4龄若虫　3龄若虫　2龄若虫

荔枝蝽生活史

荔枝蝽若虫为害荔枝嫩枝

荔枝蝽成虫为害荔枝花穗

荔枝蝽为害龙眼花穗

荔枝蝽为害龙眼果穗

②麻皮蝽（*Erthesina fullo*）：该虫为害龙眼、荔枝、番石榴等果树。刺吸枝干、茎、叶及果实汁液，枝干受害出现干枯枝条；茎、叶受害出

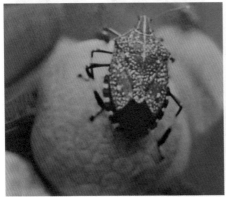
麻皮蝽成虫为害龙眼果实

麻皮蝽成虫为害番石榴叶片

麻皮蝽若虫　　　　　　　　　　麻皮蝽卵

现黄褐色斑点，严重时叶片提前脱落；果实被害后，出现畸形果。

　　③香蕉冠网蝽（*Stephanitis typical*）：该虫以成虫和若虫群栖于香蕉叶背面吸食汁液。被害叶片背面呈现许多浓密的褐色小斑点，正面呈密集的白色小斑点，被害叶片易早衰枯萎。

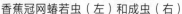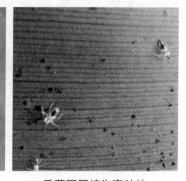

香蕉冠网蝽若虫（左）和成虫（右）　　香蕉冠网蝽为害叶片

　　④梨网蝽（*Stephanitis nashi*）：成虫和若虫群集梨、桃、棕等果树的叶背主脉附近吸食汁液，被害叶片正面形成苍白斑点，背面布满褐色斑点状虫粪及其分泌物，使整个叶背呈现锈黄色。被害叶片枯黄早落，影响树势和产量。

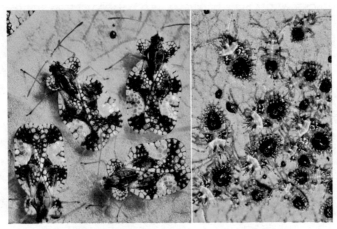

梨网蝽成虫（左）和若虫（右）

梨网蝽在梨叶背面的为
害状

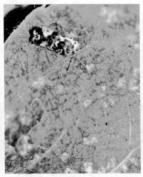

梨网蝽在梨叶正面的为
害状

梨网蝽在棕叶背面的为
害状

（8）螨类

果树上的有害螨类多隶属于蛛形纲蜱螨亚纲，植食性螨有瘿螨和叶螨。瘿螨体型极小，体长 0.2 毫米以下；若螨、成螨仅有两对足；瘿螨吸食寄主叶片形成黄绿斑块，随后被害部位形成毛瘿。叶螨体型小，体长多数在 1 毫米以下，螨体躯为圆形或卵圆形，具两对前足和两对后足，体色多数为红色和暗红色，因此也俗称为红蜘蛛；叶螨在寄主叶片背面吸食为害，导致叶片失绿呈灰白色。

①柑橘锈螨（*Phyllocoptes oleiverus asbmead*）：该虫又称柑橘锈壁

虱、黑皮螨、锈蜘蛛等。成螨和若螨群集于叶片、枝梢和果实上，刺破表皮组织吸食养分。叶片和果实受害后油胞破损，溢出的芳香油氧化后呈黑色，果皮大面积变黑，称为黑皮果；幼果受害严重时变小变硬。果实有发酵味，品质下降。叶片受害后叶背呈黑褐色或铜绿色，严重时可引起大量落叶。

柑橘锈螨为害状　　　　　　　　柑橘锈螨为害状

②柑橘全爪螨（*Panonchus citri*）：该虫又称柑橘红蜘蛛。成螨、幼螨和若螨群集在叶片、嫩梢和果皮上吸汁为害，引起落叶、落果。叶

柑橘红蜘蛛为害叶片　　　　　　柑橘红蜘蛛为害果实

柑橘红蜘蛛在叶片上的为害状　　　　柑橘叶片上的红蜘蛛

片受害较重，特别是苗圃和幼龄树更易受害。被害叶面密生灰白色细碎斑点，严重时全叶灰白，提早落叶，影响树势。

③柑橘始叶螨（*Eotetranychus kankitus*）：该虫又名柑橘黄蜘蛛和柑橘四斑黄蜘蛛。成螨、幼螨和若螨群集在柑橘的叶片、嫩梢、花蕾和幼果表皮上吸食为害，春梢嫩叶受害较严重。叶片被害后形成突起的大块黄斑、扭曲畸形，果萼下果皮低洼处形成灰白色斑点。

柑橘黄蜘蛛为害状　　　　　　　柑橘黄蜘蛛为害叶片

柑橘全爪螨与柑橘始叶螨为害特征的主要区别：柑橘全爪螨为害后，叶面密生灰白色针头大小斑点，严重时叶面呈灰白；柑橘始叶螨为害的叶片失绿形成大黄斑，叶背凹陷，正面突起，凹陷部常有丝网覆盖。

④荔枝（龙眼）瘿螨（*Eriophyes litchii*）：该虫又称荔枝瘤壁虱、荔枝瘤瘿螨和毛蜘蛛，为害荔枝和龙眼。成螨和若螨刺吸荔枝、龙眼新梢嫩叶、嫩芽、花穗和幼果汁液。幼叶被害部在叶背先出现黄绿色的斑块，随后斑块凹陷，凹陷处长出稀疏乳白色绒毛状物，随着瘿螨密集为害时受害部的绒毛增多，浓密，呈黄褐色，最后变成深褐色毛毡状物，俗称"毛毡病"；被害叶片表面凹凸不平，失去光泽，甚至肿胀、扭曲。幼梢受害，扭曲畸形；花穗受害时，花朵的萼片膨大呈倒钟形，花瓣和柱头发育不全，形似小绒球，不久脱落。幼果受害，果面和果柄同样长出白色绒毛，引起大量落果。成果前期受害，果面出现褐色毛毡斑块，影响果实着色和品质。

毛毡状结构为一种红锈藻的营养体（藻丝体），藻丝体丛生于受瘿螨为害的叶片皮层细胞组织。毛毡藻丝体为丝状多细胞，基部细胞组织与叶片皮层细胞组织紧密结合并在叶片组织细胞间延伸，引起毛毡藻丝体不断扩展。藻丝体内含红色素体，呈橙黄色。荔枝瘿螨与红锈藻能共同寄生为害，引起毛毡病。

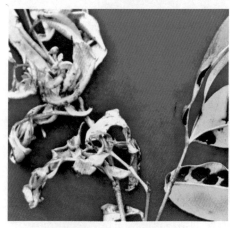

荔枝瘿螨为害荔枝叶片和新梢

荔枝瘿螨为害荔枝果穗和嫩叶

荔枝瘿螨为害荔枝叶片　　　　荔枝瘿螨为害龙眼引起毛毡病

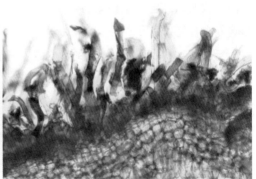

荔枝瘿螨（右）和毛毡藻丝　　　毛毡藻丝体在叶下表皮的着生状态
　　　　体（左）

2. 发生规律

　　吸食性害虫大多数是不全变态类型的小型昆虫，其若虫和成虫均可为害植物。繁殖方式有两性生殖或孤雌生殖，繁殖力强，年发生代数多，多数有世代重叠，能在短期间暴发成灾，对植物构成重大危害。吸食性害虫以口针刺吸植物组织中的汁液，喜欢取食植物幼嫩器官或组织，如嫩叶、嫩芽、新梢、花器、幼果。越冬虫态多样、越冬场所复杂，有的能以成虫、若虫和卵在受害植物组织如枯枝落叶、土壤、杂草、虫瘿中越冬。吸食性害虫多数虫体微小，其扩散和传播主要靠气流、水流、动物、苗木等途径；人为传播是远距离传播的主要方式，各种农事操作可以造成害虫在植株间和田块间传播。

3. 防治措施

（1）加强检疫

杧果瘿蚊等属于检疫性有害生物，严禁从疫区调进果树种苗和果品。蚧类、粉虱、蓟马等害虫能随购买或引进树苗传播，购买或引进树苗时要认真检查是否带虫，不购买带虫苗，杜绝虫源带入以防其传播蔓延。

（2）卫生措施

果实采收后及时修剪，剪除受害枝叶、摘除受害果。搞好果园越冬前的清园工作，清除虫害和带虫枝叶，清除果园内的枯枝落叶和杂草，消灭越冬虫源。

（3）化学防治

在卵盛孵期、低龄若虫期和虫害始发期喷施低毒高效杀虫杀螨剂。要确保施药质量，施药时要均匀喷施叶面、叶背和叶片基部。根据害虫选用药剂。

①防治介壳虫、粉虱、木虱：40%杀扑磷乳油1 000~1 200倍液、20%双甲脒乳油1 500~2 000倍液、10%吡丙醚乳油1 000~1 500倍液、22.4%螺虫乙酯悬浮剂4 000~5 000倍液粉、25%噻嗪酮乳油1 000~2 000倍液。

②防治蚜虫、蓟马、瘿蚊、叶蝉、蜡蝉、蜢：10%吡虫啉可湿性粉剂800~1 000倍液、25%吡蚜酮可湿性粉剂800~1 000倍液、5%啶虫脒乳油4 000~5 000倍液、45%马拉硫磷乳油1 300~1 800倍液、4.5%高效氯氰菊酯乳油3 000倍液、2.5%溴氰菊酯乳油2 500~3 000倍液、40%毒死蜱乳油800~1 000倍液、25%噻虫嗪水分散粒剂2 000~3 000倍液、10%氯噻啉可湿性粉剂4 000~5 000倍液。

③防治红蜘蛛、叶螨、瘿螨：1.8%阿维菌素乳油、24%螺螨酯悬

浮剂 4 000~5 000 倍液、10% 联苯菊酯乳油 3 500~5 000 倍液、24% 虫螨腈悬浮剂 2 000~3 000 倍液、15% 哒螨灵微乳剂 1 500~2 000 倍液、50% 苯丁锡可湿性粉剂 1 500~2 000 倍液、57% 炔螨特乳油 1 500~2 000 倍液、5% 噻螨酮乳油 1 500~2 000 倍液、25% 三唑锡可湿性粉剂 1 500~2 000 倍液、5% 唑螨酯悬浮剂 1 000~2 000 倍液。

（四）蜗牛和蛞蝓

蜗牛和蛞蝓可沿树干爬到树冠部，为害果树嫩茎、芽叶和幼果。蜗牛行动迟缓，借足部肌肉伸缩爬行并分泌黏液，爬过处会留下发亮的轨迹。用齿舌刮食果树叶片或果实，造成缺口或孔洞。蛞蝓以齿舌刺刮叶片或茎表皮，造成伤口、伤痕、缺刻、孔洞。

1. 实例

（1）蜗牛

①香蕉受害：蜗牛为害香蕉假茎和叶片，用齿舌刮食香蕉茎、叶组织，在叶片上造成成片的白色伤斑，假茎表皮变黑。为害香蕉的蜗牛为灰巴蜗牛（*Bradybaena ravida*）。

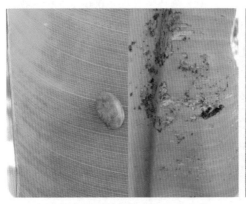

灰巴蜗牛（左）及灰巴蜗牛为害状　　　　灰巴蜗牛为害香蕉假茎

②火龙果受害：蜗牛取食火龙果的幼嫩器官，为害火龙果幼枝、花、果。幼嫩枝条常被取食成缺刻或凹陷伤斑，影响枝条生长。为害火龙果的蜗牛有灰巴蜗牛（*Bradybaena ravida*）和同型巴蜗牛（*Bradybaena similaris*）。

③菠萝蜜受害：蜗牛为害菠萝蜜叶片和果实。叶片被取食成孔洞和缺刻，果实取食后表皮瘤突顶部变黑，果皮瘤突成片，受害时形成黑色凹坑状伤口，影响果实生长和外观品质。为害菠萝蜜的蜗牛为灰巴蜗牛（*Bradybaena ravida*）。

蜗牛为害火龙果枝条

④柑橘受害：蜗牛为害柑橘新梢、嫩叶和幼果。新梢表皮被取食造成大量伤口导致青色枯死；嫩叶叶面被咬食成网状孔洞，叶缘被咬食形成缺刻；幼果被害形成白色凹陷伤口，导致腐烂或成为畸形果。为害柑橘的蜗牛为同型巴蜗牛（*Bradybaena similaris*）。

菠萝蜜叶及果上的蜗牛

灰巴蜗牛在菠萝蜜上的为害状

同型巴蜗牛为害柑橘叶片

（2）蛞蝓

在果树上蛞蝓以为害香蕉造成的损失最大，它以齿舌刺刮香蕉叶片或假茎表皮，造成伤口和伤痕。为害香蕉的蛞蝓为野蛞蝓（*Deroceras agreste*）。

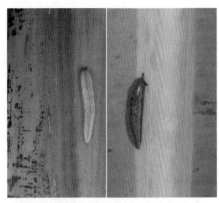

野蛞蝓为害香蕉假茎（左）和叶片（右）

📑 2. 发生规律

蜗牛和蛞蝓属杂食性软体动物，食性杂，喜栖息在植株茂密及低洼潮湿处。果园淹水、土壤潮湿，易诱引蜗牛和蛞蝓发生。

📑 3. 防治措施

（1）人工捕杀

果树上害虫仅为零星少量发生时，可以采用人工捕杀。

（2）果园管理

搞好果园水分管理，防止积水；果园周围如果有水沟，应搞好防虫的隔离设施，防止害虫迁入。

（3）药剂防治

蜗牛和蛞蝓发生期在果树树干基部地面撒施生石灰；用6%四聚乙醛颗粒剂1千克，拌沙土15千克均匀撒施树干周围地面，药土用量为800~1 000克/株；用70%杀螺胺乙醇胺盐可湿性粉剂300倍液喷施地面和树干。